「伝わる」のはどっち？

プレゼン・資料が劇的に変わる
デザインのルール

渡辺克之 著

○×

Microsoft 、PowerPoint、Office および Windows は、米国 Microsoft Corporation の米国及びその他の国における登録商標です。

本文中に登場する製品の名称は、すべて関係各社の登録商標または商標であることを明記して本文中での表記を省略させていただきます。

本書の内容は執筆時点においての情報であり、予告なく内容が変更されることがあります。また、システム環境、ハードウェア環境によっては本書どおりに動作および操作できない場合がありますので、ご了承ください。

本書の一部または全部およびサンプルファイルについて、個人で使用する以外、著作権上、株式会社ソーテック社および著作権者の承諾を得ずに無断で複写・複製することは禁じられています。また、いかなる方法においても、第三者に譲渡、販売、頒布すること、貸与、および再使用許諾することを禁じます。

クイズを楽しみながら
資料デザインの知識を増やしましょう！

　私たちが仕事を進める上で「資料」の存在は欠かせません。簡単な打ち合わせから会場を使ったプレゼンまで、いろいろな場面で資料が登場します。コミュニケーションツールである資料は、きちんと作ればメッセージを効率的に伝えられます。
　ビジネス資料の必要条件である「早く・正しく・誤解されずに」を満たしてくれます。しかし、資料づくりの勉強のために重い腰を上げるのは難しいもの。できるだけ簡単に覚えたいのが人情です。

　本書は、資料作成におけるデザインの基本を学んでいただく本です。黙々と自習するだけでは疲れますので、○×クイズで楽しく学べるようにしました。
　ふわっとクイズに答えるのではなく、○を選んだ理由と×を選んだ理由を述べながら解答してみてください。
　正解しても間違っても、自分の頭で根拠を探し出すことが大事です。自分の力量を確認しつつ、続く解説ページでおさらいすれば、テーマへの理解が深まってデザインの知識が増えていくことでしょう。

　また、Chapter 5ではやってはいけないNG資料を紹介しています。何気なくやっていたダメな作り方を見て、「どこを修正すれば、わかりやすい資料になるか」のポイントを確認してください。1つひとつの確認があなたのデザインセンスを磨いてくれるはずです。

　本書には、たくさんのデザイン例を掲載しています。豊富なデザイン例を見るだけでも、資料づくりのヒントになるのではないでしょうか。
　資料作成にさほど慣れていない人にとって、楽しく学べるデザインのルールブックとしてお役に立てれば嬉しく思います。そして、作った資料で良好なコミュニケーションが生まれますように。

　　　　　　　　　　　　　　　　　　　　　　　　令和元年 最初の月に
　　　　　　　　　　　　　　　　　　　　　　　　著者しるす

はじめに	3
CONTENTS	4
プロローグ	7

Chapter 1　しっくりする構図を考えてデザインしよう！　　11

- Q01　新しい事業の提案内容がスムーズに理解できそうなレイアウトはどっち？ …… 13
- Q02　主題の「３つのポイント」がパッと伝わるのはどっち？ …… 19
- Q03　Webサイトのリニューアル案。中身を期待させるプレゼン資料はどっち？ …… 25
- Q04　セミナーの概要を知らせるチラシ。注目を集める美しいデザインはどっち？ …… 31
- Q05　ページ企画書の一部。自然とページをめくりたくなるデザインはどっち？ …… 37

章末ドリル

- クイズA　レイアウトの構図に関する文章です。
  文中の空欄を埋める言葉の記号を下にあるリストから選んでください。 …… 45
- クイズB　エステサロンのリニューアルでお客様の特典を紹介するチラシです。
  どのデザインがわかりやすいですか？ …… 47

Chapter 2　表情が伝わる文字でデザインしよう！　　49

- Q06　キャンペーン企画書の一部。紙面の雰囲気がつかみやすいのはどっち？ …… 51
- Q07　新規事業を意見する資料ですが、文字がスムーズに読めるのはどっち？ …… 59
- Q08　自転車の魅力をうたう資料。内容が伝わりやすいのはどっち？ …… 67
- Q09　新商品発売に向けた営業資料。商品をイメージしやすいのはどっち？ …… 73
- Q10　コピーと写真で構成したスライド。文章の並びがきれいに見えるのはどっち？ …… 79

章末ドリル

- クイズC　子育て本の告知チラシです。デザインに合わないフォントを使っている番号を
  選び、その理由を答えてください。 …… 85
- クイズD　フォントや文字の扱いに関する文章です。
  文中の空欄を埋める言葉の記号を下にあるリストから選んでください。 …… 87

Chapter 3 🐞 要素の見せ方を考えてデザインしよう！　　89

- Q11　新メニューの紹介チラシ。整って見えるレイアウトはどっち？ ………… 91
- Q12　レイアウトにゆとりがあって読みやすいのはどっち？ ………………… 97
- Q13　販促イベントの1枚企画書。提案の意図をつかみやすいのはどっち？ … 105
- Q14　情報を比較・検討したいときに最適なデザインはどっち？ …………… 111
- Q15　有機野菜の宅配チラシ。「安全」「健康」を感じるのはどっち？ ……… 119

章末ドリル

- クイズE　レイアウトの基礎に関する文章です。
　　　　　空欄を埋める言葉の記号を下にあるリストから選んでください。 ……… 129
- クイズF　配色を考える上で知っておきたい色の3属性について説明した文章です。
　　　　　それぞれの属性の説明と図解を正しく組み合わせてください。 ……… 131

Chapter 4 🐞 写真やグラフを入れてデザインしよう！　　133

- Q16　カフェ開店のお知らせチラシ。行ってみたくなるのはどっち？ ……… 135
- Q17　フラワーパークのチラシ。デザインがまとまって見えるのはどっち？ … 143
- Q18　色鉛筆画講座を紹介する表紙ページ。特徴が強調されているのはどっち？ … 151
- Q19　販促提案のスライド。根拠となる数字の意味が伝わるのはどっち？ … 159
- Q20　システムの概念を説明するページ。イメージが伝わるのはどっち？ … 169

章末ドリル

- クイズG　会社案内の新入社員向けページ。安心感や信頼感を伝えたいときに、
　　　　　最適な写真の見せ方はどれですか？ ……………………………………… 179
- クイズH　データの主旨を表すグラフとして、読み取りにくかったり、
　　　　　誤解が生じそうなNGグラフはどれですか？ ……………………………… 181

Chapter 5 NG＆OKサンプルで改善ポイントをつかもう！　183

01	文章が平坦になってしまうNG	184
02	結論が2つも3つもあるNG	185
03	つい1行が長くなってしまうNG	186
04	要素を入れすぎてしまうNG	187
05	商品情報が比較しにくいNG	188
06	余白があってもまとまらないNG	189
07	真面目すぎてつまらないNG	190
08	読みたいと感じられないNG	191
09	情報の優先度がわからないNG	192
10	タイトルが目立たないNG	193
11	文章の読み継ぎが悪いNG	194
12	写真上の文字が読みにくいNG	195
13	読む人の目が疲れてしまうNG	196
14	色が単調になってしまうNG	197
15	グラフの色が多すぎるNG	198
16	遊び心あるグラフが作れないNG	199
17	棒グラフの数値が読みにくいNG	200
18	グッと引きつけるものがないNG	201
19	サイズ不足の写真を使うNG	202
20	写真が1点でパッとしないNG	203

　　本書の使い方／サンプルファイルについて　204
　　INDEX　206

プロローグ

「おやっ」と思う資料。「あれっ」と感じる資料。アナタが読みたいのはどっち？

些細な打ち合わせでも、形式張ったプレゼンでも、相手とのコミュニケーションに資料は欠かせません。積極的に読もうとしない相手の視線を資料に向かわせるには、**「読んでみよう！」と思わせる誘惑**が必要です。

几帳面なつくりは信用できます。迫力あるつくりはエネルギッシュです。やさしい解説は配慮を感じます。どんなカタチでもいいのですが、見た瞬間に「おやっ」と思わせて興味を抱かせることが大事です。

作り手の思いが伝わると、誰でも目を通したくなる！

資料作成というと、説明文を入力してグラフを作るイメージがあるかもしれませんが、それよりも意図が伝わる見せ方を発見して、それをレイアウトで表すほうがはるかに重要です。

ストーリーを作って結論を置きます。文章を箇条書きにしたり行間を広げたり、キャッチコピーを用意します。図解で直感的に見せたり、写真で主旨の意味合いを強調したりするわけです。

この労力を省いて、差し障りのない文言を並べるだけでは、メッセージが魅力的になりません。当然、読み手は「読んでみよう！」とは思わないでしょう。

読み手が興味を持つレイアウトを考えよう！

プロローグ

興味を持たせるなら「見せる資料」に。ビジュアル化したシンプルなつくりで！

プロローグ その2

　情報をぎっしり詰め込んだり、結論がハッキリしない資料は、読む気すら起きません。本来、資料は短時間で内容を紹介し、実現できるイメージを伝えなければなりません。パッと見ただけで「おやっ！」と思わせたいのが本音です。それには「見せる」部分が必要になります。

　見せる資料とは、文章が簡潔でビジュアル化された資料です。これは総じてシンプルですから、何を言いたいのかがひと目でわかるようになります。読むより見るほうが直感的に理解できるのです。

適度にビジュアル化してわかりやすくしよう！

　文章よりキーワード、段落よりも小見出しのほうが読む文字数が減ります。図解は効率的に見せられて、写真やグラフのほうが印象的に説明できます。このような**ビジュアル化した情報**は、視覚で感じる部分が大きいので、頭にスッと入ってきて記憶に残りやすくなります。

　文章が少ないことは、それだけで相手に好感が持たれます。伝わる資料、わかる資料は間違いなくシンプルです。資料作りでは、「詰め込む努力」より「捨てる勇気」を持つようにしましょう。

情報は「詰め込む」よりも「捨てる」が大切！

レイアウトは考え込まないで「わかりやすく伝える」ことに集中しよう！

　文章や図、写真といったデザイン要素を割り付けるのが**レイアウト**です。レイアウトは要素の選択と配置、大きさや強さ、位置や距離、色などの調整でいろいろな意味を持たせることができます。きちんとレイアウトすれば、秩序と流れが生まれてメッセージが伝わりやすくなります。

　同じ構成や同じ方向性でも、要素の選び方と使い方、レイアウトの仕方によって、その見え方はまったく違ったものになります。大切なのは、それぞれの要素の役割を意識し、メッセージが正しく効率的に伝わる最善のテクニックを選び、的確に表現することです。

　どのようにレイアウトするかは、目的と用途、相手によって変わるのが自然です。少し文章が多い報告書や、写真とキャプションだけの説明資料のときもあるでしょう。資料作りに慣れない人は、「**わかりやすく伝える**」ことに集中してみましょう。Aという情報はAとして伝えるべきで、表現力に酔いしれても誤解を招くだけです。

　文章は簡潔に。グラフは要点を絞った見せ方で。写真は被写体の魅力が伝わるように。情報を選りすぐり、無駄を削ぎ落とした先に見えるのが、シンプルな資料です。それがわかりやすい資料、伝わる資料につながります。

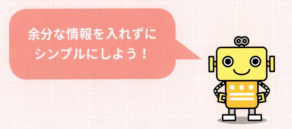

プロローグ

プロローグ その4 要素を美しくきれいにレイアウトすれば、メッセージは相手に正しく伝わる！

　レイアウトの良し悪しでは、「そのレイアウトは美しいか？」を考えてみましょう。リズムある構図になっているか？　要素はきれいに並んでいるか？　心地よい余白が残っているか？　配色に意志が見えるか？　このような視点から「イイ感じに見える」のであれば、さほど勘違いではありません。

　むやみに、無理に、写真やキャッチコピーを入れる必要はありません。美しいということは、「**見やすいこと**」「**メリハリがあること**」でもあります。伝えたい相手、目的、ゴールをその都度確認しながらチェックしていきましょう。

上手くレイアウトされた資料は美しい！

　資料づくりの腕を上げるには、多くのサンプルデザインに触れてみて、**GOODな理由**、**BADな理由**をしっかりと理解することです。

　本書は、クイズを楽しみながら、デザインの基本的なルールがおさらいできます。例題のAとB、どちらがいいデザインなのかを理由を述べながら答えていきましょう。自分の頭で考えることで理解が深まり、自然とデザイン力が身についていくことでしょう。

　本書でデザインに関する最低限の知識を身につけて、実際のプレゼンに向かってみましょう。みなさんの成功を祈ります。

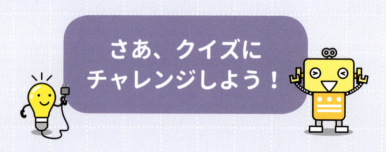

さあ、クイズにチャレンジしよう！

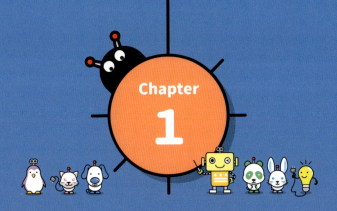

Chapter 1

しっくりする構図を考えてデザインしよう！

　文章とグラフを並べれば、資料ができるわけではありません。写真にキャッチコピーを添えれば、チラシになるわけでもありません。必要な要素が適切に配置された紙面やスライドにだけ、心地よいバランスとリズムと秩序が生まれます。仕上がりの効果を考えた全体の構成が構図です。しっくりする構図を考えてデザインしましょう。

　練られた構図には、大切なメッセージを相手の心に届けてくれる雰囲気があります。

整理／分割
罫線／囲み枠
メリハリ
構図
統一感

図形の編集
フリーフォーム
フォントサイズ
ガイド／グリッド線
図形の書式設定

文書の種類 資料

Q01

新しい事業の提案内容がスムーズに理解できそうなレイアウトはどっち？

レベル ★★☆

A

B

 ヒント　構成する要素の1つひとつが自然に目に入ってきて欲しい。

A 01

Q 01の答え　B

NG の理由

- ✗ 上から左右交互に振られる見出しがうっとうしい
- ✗ タイトルとリード文、本文の区別がつかない
- ✗ 変化のあるデザインが、逆に読みにくい

A

Good の理由

- ○ 大きなタイトルが目立って存在感が感じられる
- ○ タイトルとリード文、本文がきちんと区別されている
- ○ ありふれた構成だが、誰にとっても読みやすい

B

キーワード：整理／分割

デザインのルール

整理された秩序あるレイアウトにすると、間違いなく読みやすくなる！

❶ 奇をてらう必要はない。オーソドックスでいい

レイアウトの基本は「きれいに並べる」ことです。きれいに並べれば、しっかりと情報が伝わり、吟味された情報という安心感も伝わります。写真の大きさや位置、説明文の文字数を揃えておきましょう。

レイアウトとしては、要素を並べるだけのオーソドックスなものですが、基本をしっかりと使いこなせることが大事です。

項目番号、小見出し、説明文の位置がきれいに並んでいるので、気持ちよく読み始められる

メインとなる本文を横に3分割して下段に配置した。番号と見出し、罫線と本文が区分けされてスッキリ感じられる

❷ 規則性と安定感があると好印象になる

漠然と作業してもきれいに並べることはできないので、全体を垂直・水平に4分割や6分割で区切り、そのラインに沿って要素をレイアウトする方法をおススメします。

この方法は、限られたスペースに多くの情報を効率的に配置でき、規則性と安定感のある美しさになります。ビジネス資料として清潔感や整理感を訴求するには最適で、カタログやチラシのようなビジュアル要素がメインの場合でも秩序ある美しいレイアウトが表現できます。

15

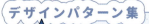

デザインパターン集

要素の個数と重さなどを考えて、バランスのいい位置関係を見つけよう！

パターン1 要素数によって最適なバランスを見つける

▲4つならば、安定感のある田の字型が最適！

▲奇数個は"重さ"の偏りを避けて配置する

パターン2 紙面を分割してテンポよく整理する

▲9分割のピースを埋めてイメージを強める

▲枠とキャプションで各要素の存在感を出す

16　Chapter 1　しっくりする構図を考えてデザインしよう！

パターン 3 文章が多いときは小気味よく整理する

✗ 説明資料と言えども、読みたくなくなってはNG

○ テンポよく小見出しで一気に読ませてしまおう！

○ 4分割のエリアと段落間の空きがリズムを感じさせる！

パターン 4 文字要素だけのときはエリアを区切る

○ 色オビを並べるだけでカテゴリが印象づけられる！

○ 番号とブロックで区切ると、意図がハッキリする！

PowerPoint のトリセツ：図形の変更

図形のカタチと位置には意味がある。
同列の情報なら形状やサイズを統一しよう！

商品紹介や調査結果、ワークショップなど、情報を同列に並べて説明する資料は多くあります。同列の要素を並べるときは、図形の形状、サイズ、色、向きなどを統一させましょう。読み手に安定感や信頼感を与えられます。

操作1　図形のサイズを変える

▲ 図形の比率を保持する場合は、❶図形の四隅にあるサイズ変更ハンドルを Shift キーを押しながらドラッグ

▲ 図形の大きさを指定する場合は、❶[書式]タブの[サイズ]にある「高さ」と「幅」ボックスに数値を入力する

▲ ❷元図の比率を変えずにサイズだけが変わる

操作2　図形の種類を変える

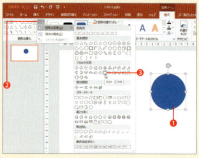

▲ ❶（複数は Ctrl キーを押しながら）図形を選択
❷[描画ツール]の[書式]タブにある「図形の挿入」の[図形の編集]をクリック
❸[図形の変更]から変更したい図形を選択

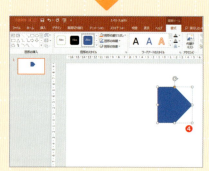

▲ ❹図形の種類が変わる

文書の種類
資料

レベル
★☆☆

主題の「3つのポイント」がパッと伝わるのはどっち？

A

健康寿命をのばす 3つのポイント
Smart Life Project

適度な運動
毎日10分の早歩き
- あと1000歩こう
- ひと駅歩こう
- 3曲分歩こう

適切な食生活
野菜350ｇが推奨量
- あと70ｇ食べよう
- 温野菜なら食べやすい
- 朝食はおにぎりで

禁煙
たばこは害がある
- 肌の美しさを損なう
- 若々しさを失う
- 受動喫煙が生じる

B

健康寿命をのばす 3つのポイント
Smart Life Project

適度な運動
毎日10分の早歩き
・あと1000歩こう
・ひと駅歩こう
・3曲分歩こう

適切な食生活
野菜350グラムが推奨量
・あと70グラム食べよう
・温野菜なら食べやすい
・朝食はおにぎりで

禁煙
たばこは害がある
・肌の美しさを損なう
・若々しさを失う
・受動喫煙が生じる

 主題の「3つのポイント」を直感させるレイアウトとは、どんなカタチ？

A 02

Q 02 の答え　A

Good の理由

- 囲み枠で情報が区分され、識別しやすい
- 整理された情報が無理なく目で追っていける
- かっちりしたブロックは、整理感あるデザインに

NG の理由

- 空白行はあるが、本文がだらだらと流れる感じがする
- 情報がきっちり分類されず、「3つ」が意識しにくい
- あまり意味のない写真は、読み手の視線を乱すだけ

キーワード：罫線／囲み枠

ハッキリと区別したいときは、罫線を引いたり囲んで一線を画すように！

❶ 罫線1本で情報が分類・区分できる

散らかりがちな多くの要素を整理し、情報を区分するには、罫線はとても便利です。1本の「線を引く」だけで、左と右、上と下を区別することができます。
たった1本の線の使い方で、雰囲気はグッと変わってきます。
その際、使う罫線の種類には少しだけ気を使いましょう。太い実線なら強い区切り、点線や破線なら弱い区切りを感じさせることができます。情報の意味や伝え方で罫線の種類を変えると、わかりやすさが格段にアップします。

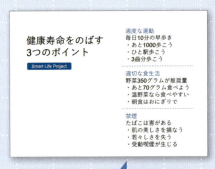

1.5ポイントの破線で弱めに区分した

上下を二重線で区切り、下段は点線で整理した

❷ 情報を囲むと安定感と存在感が出る

情報の最も簡単なまとめ方は「要素を囲む」ことです。情報を罫線で囲むと、1つひとつの存在がより強く感じます。本例の場合は、「3つのポイント」の主題に合わせて3つの囲み枠を用意し、直感的に認識できるようにしました。
囲み枠は、四角形を使うと全体が安定しやすい反面、かっちりしがちです。内容に応じて、角丸四角形や楕円を使って柔らかさを出してみるのもいいでしょう。

円で囲み、配置をずらして変化をつけた。太く濃い枠線は圧迫感が出るので薄い色がおススメだ

PowerPoint のトリセツ：囲み枠の作成

整理感、安定感、強調と誘導。
発想を駆使して罫線の特長を引き出そう！

囲み罫と罫線は、いずれも図形で作成します。囲み罫は、四角形などの塗りつぶされた色を外して罫線だけ残しましょう。罫線は直線のほか、「**フリーフォーム**」を使って、連続した直線で描くこともできます。

四角形で囲み枠を作る

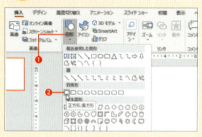

▲ ❶[挿入]タブの「図」にある[図形]をクリック
　❷[正方形/長方形]を選択

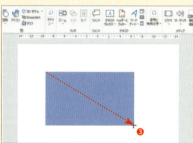

▲ ❸目的のサイズになるようにドラッグ

▲ ❹[描画ツール]の[書式]タブにある[図形の塗りつぶし]をクリック
　❺[塗りつぶしなし]を選択

連続した直線を描く

▲ ❶[挿入]タブの「図」にある[フリーフォーム：図形]をクリック

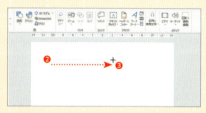

▲ ❷始点でクリック
　❸ Shift キーを押しながら次の頂点に移動して、クリック（ドラッグはしない）

▲ ❹これを繰り返して、連続した直線を描く
　❺ Esc キーを押して終了

※真っすぐ描いたつもりでも、直線がわずかに曲がることがあります。また、直線同士をくっつけても連続した線の図形にはなりません。本例の方法なら、連続した直線の図形が作れます。
※操作❸のとき、 Shift キーを押すことで水平／垂直／45度単位の直線が引ける状態になります。

線の種類とカタチを使い分けて、情報のまとまりと違いを表現しよう！

パターン1 線だけでしっかり区分けを

▲二重線だけでもしっかり情報を分類・整理できる

▲連続した直線で動きのある見せ方ができる

パターン2 囲み枠でまとまりや強調を

▲囲み枠で特定の箇所に注目させることができる

▲背景色を使えば、ブロックを際立たせることが可能

パターン3 表内の線の違いは情報の差に

▲表内の実線は、区切りを意識させてくれる

▲表内の点線は、階層やつながりを意識させる

23

ちょっと ひと休み

線を引く

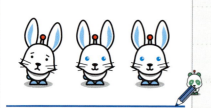

そっちとこっちは違うヨ！

線で囲む

囲んでしまえば、まとまりの意味がハッキリするヨ！

線の種類を変える

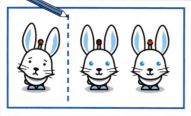

線の種類を変えると、性質が変わることを伝えられるヨ！

線の向きや角度を変える

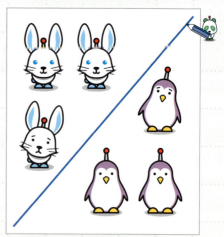

線の向きや角度を変えると、動きやリズムが出るヨ！

文書の種類
スライド

Q03

Webサイトのリニューアル案。
中身を期待させる
プレゼン資料はどっち？

A

Renewal of own site not failing

顧客を引きつける自社サイトのリニューアル

インタラクティブなコミュニケーションサイトへ

Webサイトは、いまや顧客との接点としての役割にとどまらず、商品やサービスの情報収集、比較検討、購入、サポートなど、あらゆる対応が求められる顧客対応の最前線です。使いやすく高機能なWebサイトを構築し、スムーズな運用をすることで企業の価値が高まります。
さらに、すべてがスマートフォンに最適化され、顧客と企業がいつでも接触できる状況が不可欠です。企業のWebサイトもこの変化に対応すべく、迅速にリニューアルできる思考とフットワークが求められています。

B

Renewal of own site not failing

**顧客を引きつける
自社サイトのリニューアル**

インタラクティブなコミュニケーションサイトへ

Webサイトは、いまや顧客との接点としての役割にとどまらず、商品やサービスの情報収集、比較検討、購入、サポートなど、あらゆる対応が求められる顧客対応の最前線です。使いやすく高機能なWebサイトを構築し、スムーズな運用をすることで企業の価値が高まります。
さらに、すべてがスマートフォンに最適化され、顧客と企業がいつでも接触できる状況が不可欠です。企業のWebサイトもこの変化に対応すべく、迅速にリニューアルできる思考とフットワークが求められています。

 要素にメリハリをつけると、訴えたい箇所が自然に目に入ってきます。

A 03

Q 03 の答え　B

NG の理由

- ✗ 同じような文字サイズとフォントが続く
- ✗ どこが大事なのか一見してもわからない
- ✗ 全部を読もうという気になれない

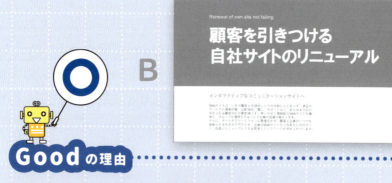

Good の理由

- ○ 大きなタイトルが一気に目に飛び込んでくる
- ○ 色文字の見出しがいいアクセントになっている
- ○ 本文を小さくまとめ、全体のメリハリが効いている

キーワード：メリハリ

デザインのルール 大小とかたまりのメリハリをつけて訴求ポイントをハッキリさせよう！

❶ 大胆に大きく差をつけて、要素にハッキリをつくろう！

メリハリとは強弱がハッキリしていることです。文字や写真の大きさに差をつけて違いを際立たせることで訴えたい箇所が強調され、自然と目に入るようになります。要素に差をつけるときは「**思いっきり**」「**大胆に**」進めましょう。差を際立たせて見せるとメリハリがつき、意図がハッキリしたデザインになります。

適切な写真を選び大胆に見せると、被写体が持つ雰囲気が強調される。インパクト十分なレイアウトだ！

❷ 強調したい要素を大きく、そうでない要素を小さく！

メリハリを出すには、情報のかたまりごとに優先順位をつけ、優先度の高い順に大きくレイアウトしましょう。

その際、目立たせたい箇所を大きくしたら、それ以外の箇所を小さくする必要があります。ギャップを生じさせることで美しいメリハリが生まれます。

また、特定の箇所を他の情報と区別したい場合は、囲み枠を使ったり該当エリアを塗りつぶしてみましょう。

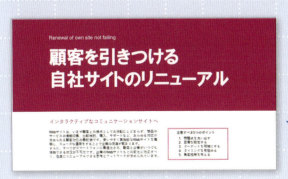

囲み枠があると、他の情報と区別できる。ポイントとなる箇所に注目させたり、視線を誘導できる

PowerPoint のトリセツ：文字サイズの変更

文字サイズの変更は大胆かつ繊細に。
相対的なイイ感じのサイズを見つけよう！

パワポのテキストボックスの標準の文字サイズは、**18 ポイント**です。いろいろな方法で文字サイズを変更できますが、基本は文字を選択し、目的の機能を選択・実行するだけです。

操作1 ショートカットキーでさっそうと

文字サイズの変更は、ショートカットキーを覚えておくと時短になって効率的。Ctrl +] キーを押すたびに文字ポイントが大きくなり、Ctrl + [キーで小さくなります。

▲ Ctrl +] キー（文字サイズの拡大）

▲ Ctrl + [キー（縮小）

操作2 ミニツールバーで確実に

ドラッグで文字を選択するか、選択した文字を右クリックすると、ミニツールバーが表示されます。

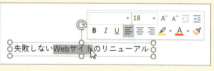

▲ 選択した文字の側に表示されるミニツールバー。[フォントサイズ]ボックスで指定する

操作3 リボンで教科書通りに

テキストボックスの枠をクリックして右の操作をすると、すべての文字の大きさをまとめて変更できます。

続けて右クリックし、[**既定のテキストボックスに設定**]を選択すると、次回から新規テキストボックスの文字サイズは指定した大きさで入力できます。

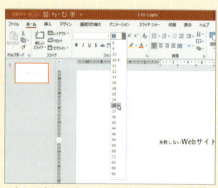

▲ [ホーム]タブの「フォント」にある[フォントサイズ]ボックスで指定する

漠然、曖昧ではメリハリがつかない…。
やるなら大胆に、思い切ってやるべし！

パターン1　微妙な差の大きさにしない

✗ 微妙なサイズの差は落ち着かず、スッキリしない…。ハッキリと差をつけることが大事だ！

✗ タイトルとそれ以外の文字サイズは、2ポイントしか差がない

パターン2　大きさを均等にしない

✗ サイズを均等にすると、どうしても単調に…。大きくする要素としない要素をきちんと分けよう！

✗ 意味のない写真を並べない

パターン3　ぎゅうぎゅうに詰め込まない

✗ 注目箇所が大きくても情報が多いと読みにくい…。余白でコントラストを作ろう！

✗ 大小の要素を並べるだけでは、視線が定まらない…

○○で困ったときは？

メリハリをつける箇所がわからないときは？

メリハリをつけるには、誰が見ても"明らかに違う"とわかるぐらい差をつけることが大事です。メリハリの効いたデザインは、全体をサッと眺めるだけで読みたい情報が探し出せますので、メッセージが伝わりやすい資料になります。

漠然と要素を配置していては、読み手は大事なポイントがつかめない…

データをアピールするなら…
グラフを大きく見せて、根拠や原因を述べて説得力を高めよう！

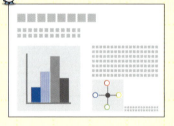

タイトルでつかむなら…
タイトルを目一杯大きくして、つかみで一気に勝負しよう！

写真を印象的に見せるなら…
写真を大きく展開して、メッセージの雰囲気を強く伝えよう！

見出しで読ませるなら…
文章を短く整理し直して、キャッチーな見出しを用意しよう！

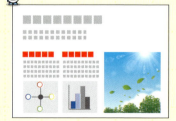

文書の種類
チラシ

Q04

セミナーの概要を知らせるチラシ。
注目を集める美しいデザインは
どっち？

A

B

 バランスよく見えるデザインの構図を知っていますか？

A 04

Q 03 の答え　B

NGの理由

- ✗ すべての要素が中央に密集している
- ✗ 上から連なる文章に全体が重く感じる
- ✗ 写真の迫力や開放感が伝わってこない

A

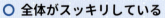
Goodの理由

- ○ 全体がスッキリしている
- ○ 要素間のバランスが心地よく感じる
- ○ 大きなタイトルが目に飛び込んでくる

B

キーワード：構図

デザインのルール

全体を縦横3分割した交点を使って バランスのいい美しいデザインにしよう！

❶ 不思議とスッキリした デザインに仕上がる！

レイアウトするときは、どうしても要素を真ん中に収めがちです。しかし、それだけでは平凡で面白みがありません。そんなときは全体を縦横に3分割して、4本の線で交点を作ってみましょう。主張したい文字や被写体をこの交点の上に配置するだけで、不思議とスッキリしたバランスのいいデザインになります。覚えておきたいテクニックの1つです。

4つの交点を意識してレイアウトすると、シンプルでスッキリした印象を作ることができる

❷ 4つの交点の上に "主役"を配置しよう！

デザインの主役となる被写体やタイトル、構図上の文章ブロックの端などを4つの交点に合わせて配置しましょう。ただし、交点に厳密に合わせる必要はなく、大体の位置か線上でかまいません。また、4つの交点すべてに要素を配置すると窮屈になってしまいます。適度な空き空間を作ってバランスを見ながら配置しましょう。

4つの交点や線上に"主役"を置くと、ポイントになる要素が明確になって読み手の視線も誘導できる

33

PowerPoint のトリセツ：ガイド／グリッド線

真っ白なキャンバスでは位置が決められない…。
それなら、グリッド線を表示させよう！

要素を配置するときは、**ガイド**や**グリッド線**を表示して、これらを目安にレイアウトすると便利です。ガイドは画面中央でクロスする縦と横の2本線、グリッド線は等間隔で表示される縦横の点線です。これらの線は、スライドショーや印刷用紙には表示されません。

 ガイドとグリッド線を表示する

▲❶[表示]タブの「表示」にある[グリッド線]や[ガイド]のチェックをオン

▲❷それぞれの線が表示される
※要素を平行または垂直に移動したいときは、Shiftキーを押しながらドラッグします。

 グリッド線の間隔を変更する

▲❶[表示]タブの「表示」にある[グリッドの設定]ダイアログボックス起動ツールをクリック

▲❷「間隔」の右側にあるボックスで数値を指定
❸[OK]をクリック

※グリッド線の間隔の初期値は「0.2cm」です。狭いときには「1cm」や「2cm」にして広げてみましょう。
※図形などの要素をグリッド線に沿って配置したいときは、操作❷のときに「位置合わせ」の[描画オブジェクトをグリッド線に合わせる]のチェックをオンにします。

▲❹グリッド線の間隔が変更される

4つの交点を使って
主役のベストポジションを見つけよう！

パターン1　対角や対向のスペースでバランスを取る

▲適度な空きを設けて、美しいバランスを作る

▲文字を散乱させずに、ビジュアルを活かす

パターン2　ビジュアルやキャッチコピーを意識させる

▲キャッチーな要素で、読み手の目線を誘導する

▲タイトルを斜めにして、変化を出してみる

ちょっと ひと休み

簡単に構図が決まる三分割構図

4つの交点を作る方法は三分割構図っていうんだ

絵画や写真でよく使われる技だョ！

安定感と美しさが表現できるシンメトリー

左右または上下対称にするのがシンメトリー

規則性が生まれ、美しく整った構図になるよ！

文書の種類
企画書

ページ企画書の一部。
自然とページをめくりたくなる
デザインはどっち？

ヒント デザインに統一感があると、安心してページを追うことができます。

A 05

Q 05 の答え　**A**

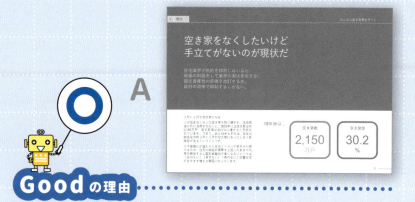

Good の理由

- 上部の項見出しとデザインが固定され、安定感がある
- 上段のタイトルとリード文が大きく読みやすい
- 全体の配色と図解の位置に一貫性が感じられる

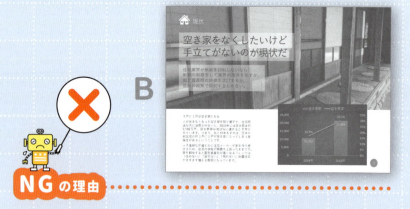

NG の理由

- 半分を占める写真が何ページも続くと、落ち着かない
- 四角形やグラフなどの要素が多くて読みにくい
- 図解の色とカタチが全体にそぐわない

キーワード：統一感

デザインのルール

要素の種類と位置、カタチと色合いのミスマッチを避けよう！

❶ 要素の種類と位置を揃え、内容をすぐに気づかせる！

柱やノンブルをはじめ、タイトルや項目番号といったページを構成する大事な基本要素は、その種類と位置を固定しておくとよいでしょう。

同じ種類の要素が同じ位置にあると、読み手はページをめくる度に次に現れる内容が予測できます。「この場所にこの内容が書かれているはず…」と、すぐに気づくデザインであれば、読み手も安心して目を通すことができます。

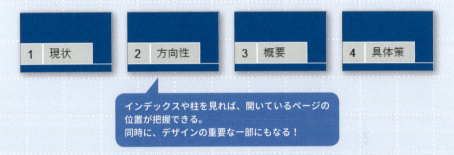

インデックスや柱を見れば、開いているページの位置が把握できる。
同時に、デザインの重要な一部にもなる！

❷ 要素のカタチと色を揃え、ちぐはぐ感を出さないようにする

ちぐはぐ感があるときは、同じ要素なのに"違い"がないかをチェックしましょう。図解で四角形と円を混在させたり、さわやかな色と深い色を同時に使ったりしては、ちぐはぐな感じに見えます。

同じ要素であれば、カタチと色、サイズなどを揃えたほうが、統一感が生まれます。「図解は角丸四角形だけ使う」「配色は淡い色でタイトルを濃い色ベタ文字にする」といったルールを設けて、ページ間のレイアウトを統一しましょう。

図形を円形で揃えてみた。「やわらかい」「元気」「おいしい」など、企画のコンセプトに合わせた形状と配色が大事だ！

39

PowerPoint のトリセツ：図形の位置

要素の位置決めはコピペか位置指定を使う。細部にこだわって美しく見せよう！

ページ間で図形などの要素の位置を揃える場合は、コピペで配置すると簡単ですが、図形のカタチやサイズが異なる場合は、調整が必要です。適度なスペースが必要な図解は、「**図形の書式設定**」で起点となる位置を揃えておくと美しく見せられます。

操作1 コピペで図形の位置を揃える

前ページの図形を次ページにコピー＆貼り付けすると、同じ位置に配置できます。ショートカットキーを使うと効率的！

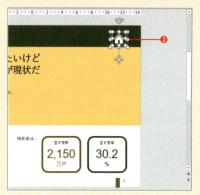

▲❶図形を選択⇒❷ Ctrl + C キーでコピー

▲❸次のスライドを選択⇒❹ Ctrl + V キーで貼り付け

操作2 書式設定で位置を指定して揃える

カタチやサイズが前ページのものと異なる図形を配置するときは、左位置や上位置など起点を指定して座標を揃えます。

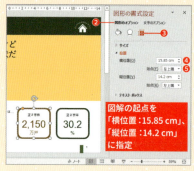

図解の起点を「横位置：15.85 cm」、「縦位置：14.2 cm」に指定

▲❶図形を選択して右クリックし、[図形の書式設定]を選択⇒❷「図形の書式設定」ウィンドウの「図形のオプション」をクリック⇒❸[サイズとプロパティ]アイコンをクリック⇒❹[位置]の「縦位置」などを指定⇒❺「始点」で[左上隅]などを選択

▲❻次ページも同じ位置に指定して統一感を出す

○○したいときは？

ページものの企画書で統一感を出したいときは？

ページをめくるたびに微妙にずれていたり、無造作に置かれた印象を持たれてはいけません。同じ要素であれば同じ位置にして、カタチを揃えましょう。要素が反復すると、一貫性が生まれて**統一感**のある資料になります。

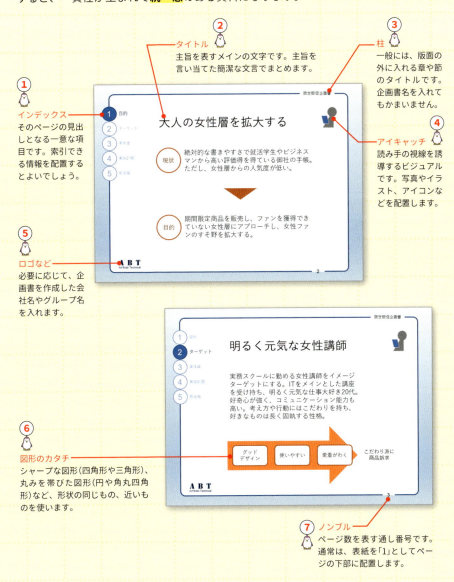

① **インデックス**
そのページの見出しとなる一意な項目です。索引できる情報を配置するとよいでしょう。

② **タイトル**
主旨を表すメインの文字です。主旨を言い当てた簡潔な文言でまとめます。

③ **柱**
一般には、版面の外に入れる章や節のタイトルです。企画書名を入れてもかまいません。

④ **アイキャッチ**
読み手の視線を誘導するビジュアルです。写真やイラスト、アイコンなどを配置します。

⑤ **ロゴなど**
必要に応じて、企画書を作成した会社名やグループ名を入れます。

⑥ **図形のカタチ**
シャープな図形（四角形や三角形）、丸みを帯びた図形（円や角丸四角形）など、形状の同じもの、近いものを使います。

⑦ **ノンブル**
ページ数を表す通し番号です。通常は、表紙を「1」としてページの下部に配置します。

○○したいときは？

全体が見渡せるインデックスは安心だ！

インデックスには索引の役割があります。「課題」「目的」「スケジュール」など短い項目をつけるのが一般的です。1ページに1つでもよいですが、全項目を入れておくと、読み手は現在読んでいるページ位置が把握できて安心できます。その際、現ページ以外の項目を薄く処理すると、現在位置がハッキリして読み手に親切です。

企画書の「目的」のページ　　　　　続く「ターゲット」のページ

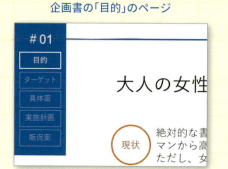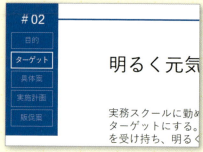

インデックスの収まりのよい位置は左上ですが、決まりがあるわけではありません。左右にインデックス用のスペースを取りたくない場合は、中央上部に置いてもかまいません。情報量と見せ方に合った場所を見つけてください。

インデックスが上にある「目的」のページ　　続く「ターゲット」のページ

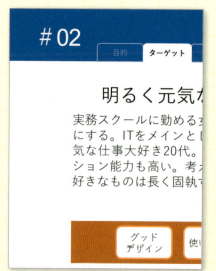

柱はデザインにアクセントを効かせてくれる！

殺風景になりがちな右上や右下のスペースは、柱を置く場所として最適です。
柱を作ると、デザインのアクセントだけでなく、全体を引き締める効果もあります。
柱は全ページ共通の要素なので、統一感を出すデザインとして重要です。
柱は過度に目立ちすぎると、視線に入り込んできて本文に向かう読み手の意識が削がれます。小さめの文字サイズで薄い色を使い、太い書体や囲み枠といった処理は避けるようにしましょう。

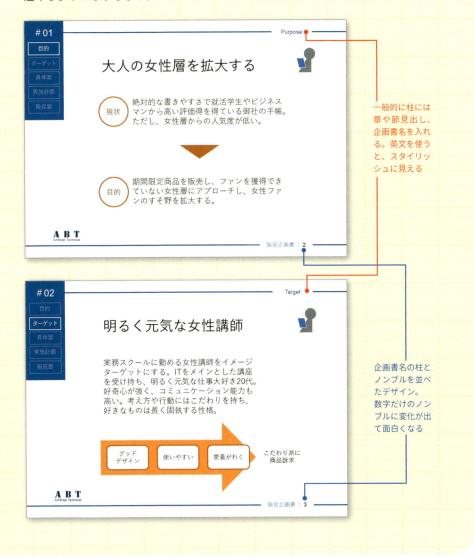

一般的に柱には章や節見出し、企画書名を入れる。英文を使うと、スタイリッシュに見える

企画書名の柱とノンブルを並べたデザイン。数字だけのノンブルに変化が出て面白くなる

ちょっと ひと休み

情報をまとめて"わかる資料"にしよう！

情報を早く正確に伝えるためには**グループ化**が効果的です。関連する要素を近くに、そうでない要素を離して配置することで、情報が整理されて直感的に把握できるようになります。

  グループ化の手順

内容を吟味してどの要素をまとまりとして見せるかを考える。意味のあるまとめ方をすることが大事！

❶ 同類や関連性のある要素を選ぶ
❷ 共通項を取り出す
❸ 不要な情報を捨てる
❹ 共通キーワードを取り出して見出しにする

❺ 関連性の強い要素を近づけてレイアウトする
❻ 罫線で囲んだり背景に色をつけてグループを明確にするといったルールを設けて、ページ間のレイアウトを統一する

クイズ A

**レイアウトの構図に関する文章です。
文中の空欄を埋める言葉の記号を
下にあるリストから選んでください。**

構図を作るときによく使われるのが、4つの交点を作ってそこに主役となる要素を置く（ ① ）です。4点の対角に主役以外の要素を置くと、比較的簡単にバランスを整えることができます。

一方、最も見せたい要素を真ん中に持ってくる構図が（ ② ）です。伝えたいものがハッキリしているときは効果的ですが、単調でつまらなく感じることもあります。

また、絶対的な安定感を求めるなら（ ③ ）がよいでしょう。真ん中に中心線を引き、左右対称か上下対称になるデザインで、全体から安定感と秩序が感じられるようになります。

写真や図形のサイズを決めるときは、「モナ・リザ」やパルテノン神殿などに見られる（ ④ ）を活用するもの1つのテクニックです。「1：1.618」という比率を活かすと、誰が見ても美しい構図に仕上がります。

- ㋐：二分割構図
- ㋑：三分割構図
- ㋒：対角線構図
- ㋓：三角形構図
- ㋔：曲線構図
- ㋕：放射線構図
- ㋖：日の丸構図
- ㋗：サンドイッチ構図
- ㋘：シンメトリー構図
- ㋙：白銀比
- ㋚：黄金比
- ㋛：青銅比

クイズAの答え
① : イ ② : キ ③ : ケ ④ : サ

メッセージが伝わる構図をしっかり考えよう！

❶ 三分割構図
全体を三分割して4つの交点を作り、その交点にデザインの重要な要素を置いてリズムや安定感を取るのが、==三分割構図==です。バランスが取れた安定した構図になります。**Q 04**（31ページ）を参照してください。

❷ 日の丸構図
ズバリ真ん中に主役を配置する==日の丸構図==は、シンプルかつストレートに主役の魅力を伝えられます。
ただし、構図が単調になりがちで、読み手の視線が動きづらいことに注意しましょう。

▲上下対称なシンメトリー構図。配色や文言を対比させることで一層メッセージが際立つ

❸ シンメトリー構図
左右対称または上下対称になるように要素を置くのが、==シンメトリー構図==です。
要素がきっちり整っている様子から、信頼感と安定感、美しさを感じられます。

❹ 黄金比
==黄金比==は、建築物や絵画、彫刻などの多くの作品に見られます。
「1：1.618」の比率で要素を配置したり、写真や図形のサイズを決めると、安定感と落ち着きが出て美しいレイアウトになります。

▲上段と下段の比率、写真の縦横はいずれも黄金比でレイアウトしてある

46　Chapter 1　しっくりする構図を考えてデザインしよう！

エステサロンのリニューアルで
お客様の特典を紹介するチラシです。
どのデザインがわかりやすいですか？

①

②

③

クイズBの答え ❸

 ターゲットに向けて情報をグループ化する！

❶は、金額と割引が箇条書きになっているだけ。読み手に「お店に行ってみたい」と思わせるデザインの工夫がなくてはダメです。

❷は、文字サイズや色を変えてにぎやかさを出していますが、「誰にどのような特典があるのか」がひと目でわかりません。ターゲットと内容が不明瞭です。

❸は、囲み枠で情報をグループ化しています。ニュートラルな「未定客」と「新規客」、従来の「お得意様」の3種類に分けているため、それぞれの特典がひと目でわかります。
情報を早く正確に伝えるには、グループ化が効果的です（44ページ参照）。

Chapter 2

表情が伝わる文字で
デザインしよう！

文字にはフォント、サイズ、太さなど、デザインする上で注意したい箇所がいくつかあります。メッセージを正しく効果的に伝えるには、文字に無頓着ではいけません。書体の選び方やサイズ、配置の仕方に根拠を見つけましょう。
そうすることで言葉の持つチカラが発揮され、読み手に伝わる資料になっていきます。
文字の見え方を理解しておけば、「文字で読ませる」「文字で魅せる」ことができるようになります。

フォントの種類
欧文フォント
文字サイズと強調
見出し
行間／字間

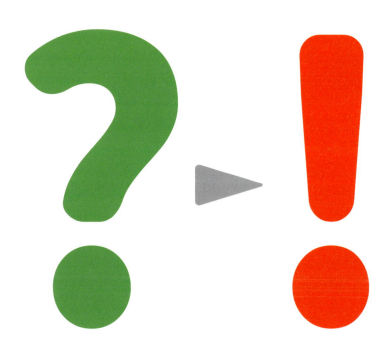

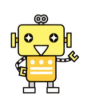

［フォント］ボックス
両端揃え／スペルチェック
文字の変形／塗りつぶし
図として保存
インデントと行間隔

文書の種類
企画書

Q06 キャンペーン企画書の一部。紙面の雰囲気がつかみやすいのはどっち？

A

B

 「バレンタイン」には、軽快で楽しい雰囲気の文字が似合います。

A 06

Q 06 の答え　A

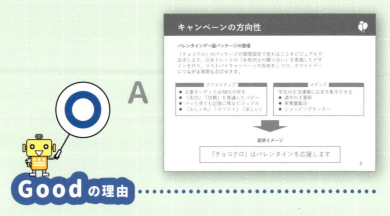

Good の理由

- 〇 游ゴシックのやわらかさと軽快さが感じられる
- 〇 長めの文章でも混雑感がなく読みやすい
- 〇 タイトルは「游ゴシックMedium＋太字」でインパクト十分

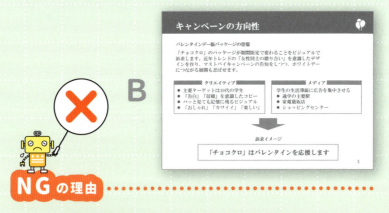

NG の理由

- × 堅い印象の明朝体が「バレンタイン」に合わない
- × 「HGS明朝E」は画数の多い漢字が読みにくい
- × 太い文字が密集すると全体が黒く見える

キーワード：フォント

デザインのルール

フォントの特徴を知り、どのフォントなら「相手に伝わるか」を考えよう！

❶ メッセージのテイストに合った適切なフォントを選ぶ

フォントには、そのフォントが持つ**表情**があります。「元気」「緻密」「かわいい」などを含んだメッセージは、それを感じさせるフォントを使うことで、一層伝わりやすくなります。

和文フォントは、大別すると「**ゴシック体**」と「**明朝体**」になります。ゴシック体はカジュアルで力強く、明朝体は美しくフォーマルな印象があるフォントです。

> ゴシック体は視認性がよいフォント。文字そのものが見やすく、距離のあるプレゼンや、紙面の一部を強調したいときに使うと効果的

MS Pゴシック
愛あるデザインと書体

HGゴシックE
愛あるデザインと書体

HGS創英角ゴシックUB
愛あるデザインと書体

> 明朝体は繊細でやわらかい印象。目で追っても疲れにくく読みやすい字体なので、字数が多く読ませる文章に適している

MS明朝
愛あるデザインと書体

HG教科書体
愛あるデザインと書体

HGP行書体
愛あるデザインと書体

❷ 游ゴシックは視認性がよく、太字にしてもつぶれないフォントだ

パワポ2016以降は「**游ゴシック**」が標準フォントです。他のゴシック体と比べて、游ゴシックは字面（じづら）が大きく柔らかい雰囲気があり、太字にしてもつぶれません。同様に、「**メイリオ**」も見やすさと読みやすさのある万能フォントです。パワポで作る文書は、どちらかのフォントを使うとよいでしょう。

> 細く感じるときは、「游ゴシック Medium」か、Ctrl + B キーで太字にして使う

游ゴシック
美しくエレガントな書体

游ゴシックLight
美しくエレガントな書体

游ゴシックMedium
美しくエレガントな書体

> 「メイリオ」は丸みのある軽快な感じがあり、「Meiryo UI」は小さな文字との相性がいいフォントだ

メイリオ
美しくエレガントな書体

Meiryo UI
美しくエレガントな書体

PowerPoint のトリセツ：フォントの変更

いまのフォントでしっくりこないときは、いさぎよく違うフォントに変えてみよう！

使っているフォントが気に入らないときは、別のフォントに変更しましょう。操作は、[フォント]ボックスから目的のフォントを選択するだけです。
変更する対象の文字が多かったり、どこにあるかわからないときは、まとめて置換する方法もあります。

操作1 フォントを変更する

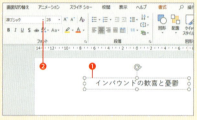

▲ ❶文字やテキストボックスを選択
　❷[ホーム]タブの「フォント」にある「フォント」ボックスの ˇ をクリック

▲ ❸変更したいフォントを選択

▲ ❹フォントの種類が変わる

操作2 フォントを置換する

▲ ❶文字やテキストボックスを選択
　❷[ホーム]タブの「編集」にある[置換]の ˇ をクリック
　❸[フォントの置換]を選択

▲ ❹「置換前のフォント」ボックスの ˇ をクリックしてフォントを選択
　❺「置換後のフォント」ボックスの ˇ をクリックしてフォントを選択
　❻[置換]をクリック　❼[閉じる]をクリック

▲ ❽フォントが置換される

※あらかじめ変更したい文字上にカーソルを置いておくと、操作❹の「置換前のフォント」ボックスに該当のフォント名が表示されます。

54　Chapter 2　表情が伝わる文字でデザインしよう！

ダウンロードセンターから
フォントをダウンロードしてみよう！

Windows 8.1とWindows 10では、標準で游ゴシックなどのフォントが含まれているため、Officeでもそれらのフォントが利用できます。

しかし、Windows 7/8でパワポ2013/2010を使う人は利用できません。マイクロソフト社のダウンロードセンターなどから入手してください。

操作 「游ゴシック游明朝 フォントパック」をインストールする

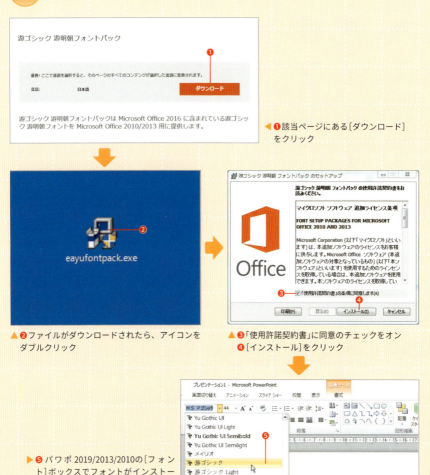

❶該当ページにある[ダウンロード]をクリック

❷ファイルがダウンロードされたら、アイコンをダブルクリック

❸「使用許諾契約書」に同意のチェックをオン
❹[インストール]をクリック

❺パワポ 2019/2013/2010の[フォント]ボックスでフォントがインストールされていることを確認

フォントタイプ集

「何でもいいや…」と思わずに、イメージに合ったフォントを選ぼう！

おススメの本文フォント

ゴシック体 力強い・シャープ・カジュアルなイメージ

游ゴシック
素敵な文字でレイアウト

HGPゴシックM
素敵な文字でレイアウト

メイリオ
素敵な文字でレイアウト

HGS創英角ゴシックUB
素敵な文字でレイアウト

MSゴシック
素敵な文字でレイアウト

游ゴシックの中にも種類がある

游ゴシック
ハッピーな晴天

Yu Gothic UI
ハッピーな晴天

游ゴシックよりも文字幅の狭いフォント

游ゴシック Medium
ハッピーな晴天 　上記より太いフォント

Yu Gothic UI Semibold
ハッピーな晴天 　上記より太いフォント

明朝体 繊細・落ち着いた・エレガントなイメージ

游明朝
桜 麗 ア
親譲りの無鉄砲で子供の時から損ばかりしている。

UD デジタル教科書体 N-R[1]
桜 麗 ア
親譲りの無鉄砲で子供の時から損ばかりしている。

MS明朝
桜 麗 ア
親譲りの無鉄砲で子供の時から損ばかりしている。

MS P明朝
桜 麗 ア
親譲りの無鉄砲で子供の時から損ばかりしている。

読みやすく、わかりやすいフォントを選ぼう！

[1]「Windows 10 Fall Creators Update」で追加されたフォント

存在感ある個性的なフォント

行書体・楷書体など
和風・厳格・伝統的なイメージ

HG行書体
祥南行書体
有澤楷書
HG正楷書体-PRO
江戸勘亭流
麗流隷書

丸ゴシック体・POP体
かわいい・ポップ・安いイメージ

AR P丸ゴシック体M
HG丸ゴシックM-PRO
HGP創英角ポップ体
富士ポップ
たぬき油性マジック[※2]
ドーナツショップ。[※2]

教科書体
手書き・学校・几帳面なイメージ

HG教科書体
HGP教科書体
UD デジタル 教科書体 N-R
UD デジタル 教科書体 NK-R
UD デジタル 教科書体 NP-B

※2 オープンフォント

アクセントを意識して
ポイントで使おう！

○○で困ったときは？

どうしても使うフォントが選べないときは？

① メッセージが魅力的になるフォントを選ぶ

文章を読ませるなら「明朝体」、プレゼンスライドなら「ゴシック体」という暗黙のルールは、<mark>絶対ではありません</mark>。

プレゼンの中身、披露する資料の主旨、誰に対してどんな場所で説明するのかを吟味し、（読みにくくならない範囲で）メッセージが効果的に伝わると思うフォントを自由に選びましょう。

> メッセージを魅力的にするために内容に合ったフォントを使う
> 明朝体 ⇄ ゴシック体
> 暗黙のルールは（さほど）気にしない

② 游ゴシックかメイリオを選ぶ

パワポ2016で標準フォントになった<mark>游ゴシック</mark>は、字面（じづら）が大きく一字一字が読みやすいフォントです。落ち着いた印象があるので、プレゼンのスライドにも文字量のある資料にも適しています。

また、<mark>メイリオ</mark>も軽快な感じがする視認性がよいフォントです。これに<mark>游明朝</mark>を加えて、困ったときはいずれかを使うのが簡単かつ早い解決策です。

なお、MSゴシックやMS明朝にはモダンな印象がありませんので、游ゴシックを優先することをおススメします。

▲ 落ち着いた清楚な雰囲気のある游ゴシック。英数字も不自然な見え方はしない

▲ 少し丸みのあるメイリオは、やさしくもスタイリッシュな雰囲気を漂わせるフォントだ

▲ 游明朝は伝統的な字形を生かしつつ、現代的な明るさや快活さが感じられる

新規事業を意見する資料ですが、文字がスムーズに読めるのはどっち？

A

B

 日本語と英数字が混在するときは、相互が馴染む文章が読みやすい。

Q 07 の答え　B

NG の理由

× MSゴシックが伝える雰囲気は今日的でない
× 太字にした画数の多い文字がつぶれている
× 英数字が不格好で日本語に馴染んでいない

Good の理由

○ 游ゴシックは落ち着いたすっきりした印象がする
○ 太字にした画数の多い文字でもきれいに見える
○ Segoe UIを使った英数字が日本語と合っている

キーワード：欧文フォント

使用する日本語に馴染む欧文フォントを選び、読みやすさをアップさせよう！

❶ 英数字は和文フォントではなく、欧文フォントを使う

文章には英字や数字が欠かせませんが、和文フォントのままでは、文字のカタチと間隔が不自然でアンバランスな印象を与えてしまいます。単独で使うときも、和文と欧文が混在するときも、==英数字は欧文フォントを使う==ようにしましょう。

欧文フォントは、欧文が美しく見えるように作られたフォントですから、品位と読みやすさが高まります。通常、英数字は半角文字で扱います。

> ▼游ゴシック & Calibriは、Calibriが小さく見えてしまう
> ✕ 売上130%はNetとRealの両方が必要だ
>   　　Calibri　　Calibri　 Calibri
>
> ▼游明朝 & Arialはスタイルが異なり、Arialの線が太く見える
> ✕ 売上130%はNetとRealの両方が必要だ
>   　　Arial　　　Arial　　Arial
>
> ▼MSゴシックは字間が凸凹でリズムが悪く、読みにくい
> ✕ 売上130%はNetとRealの両方が必要だ

❷ 相性のいい欧文フォントを選ぶ

和文と欧文のフォントを混在させるときは、日本語と英数字が馴染んで見えることが大切です。欧文フォントには多くの種類がありますが、文字のスタイルやサイズ、太さの相性がよいフォントを選ぶようにしましょう。

==游ゴシック==と**Segoe UI**は見た目の相性がよく、==メイリオ==は英数字に使っても不自然さを感じさせません。

> ▼游ゴシック & Segoe UI Lightの組み合わせ。とてもバランスがいい
> ○ LTE100倍が創る5Gの世界
>   　Segoe UI Light　　 Segoe UI Light
>
> ▼上記より少し太くするなら、游ゴシック Medium & Segoe UIの組み合わせになる
> ○ LTE100倍が創る5Gの世界
>   　Segoe UI　　　　Segoe UI
>
> ▼メイリオは大きく美しい現代的なフォント。可読性もいい
> ○ LTE100倍が創る5Gの世界

フォント組み合わせ集

日本語と英数字が馴染んで見えるような近しい欧文フォントを選ぼう！

使用するフォントでデザインのイメージが変わり、読み手への伝わり方が変わります。資料の内容に合った和文フォントと欧文フォントを選びましょう。
ここでは、**游ゴシック**と**メイリオ**、**游明朝**に合う欧文フォントをまとめました。英数字を使う場所、サイズや太字などの加工、文字量やデザイン具合によって、選択する欧文フォントは変わりますので、あくまで一つの目安としてとらえてください。

欧文フォントを選ぶときの目安

和文フォント

ゴシック体

あ永　あ永

游ゴシック　メイリオ

見せる資料 ←

主に見出しやキーワード
プレゼンで使う

・プレゼンスライド
・チラシ
・カタログ
・ポスターなど

Aa123　Aa123

Segoe UI　Arial

サンセリフ体

他に Verdana や Century Gothic など

装飾がなく線が均一な書体　　欧文フォント

基準	具体的な欧文フォントの選び方
スタイルが似ているものを使う	ゴシック体にはサンセリフ体、明朝体にはセリフ体を使う
サイズが似ているものを使う	英数字が極端に小さく見えるようなフォントを選ばない
太さが似ているものを使う	日本語と英数字の一方が太く見えるフォントを選ばない

和文フォント

明朝体

あ 永

游明朝

→ 読ませる資料

主に説明を要する
文字量の多い文書で使う

・企画書
・提案書
・レポート
・レジュメなど

Aa123　　Aa123

Cambria　　Century

セリフ体

他に Times New Romanや Palatino Linotypeなど

欧文フォント　　文字の端に装飾がある書体

デザインパターン集

文字位置が異なる和文と欧文は凹凸に注意してフォントを選ぼう！

和文と欧文では文字の位置が違います。和文フォントは、四角いエリア(**仮想ボディ**)に納まるようにデザインされていますが、欧文フォントは、基準線(**ベースライン**など)に沿ってデザインされ、ラインの間隔はフォントごとに異なります。それぞれの基準は同じ位置にありませんので、文字の位置（高さ）が揃わずに凹凸が目立って、バランスが悪い印象を与えることがあります。行内のどの位置に文字を合わせるかに注意してフォントを選びましょう。

《ゴシック体とサンセリフ体の組み合わせ》

游ゴシック Medium & Century Gothic

ウケるPancakeは1,500円台が主流だ。

▲丸みと端の飾りが印象的なCentury Gothic。一字一字がわかりやすく読みやすい

游ゴシックの太字 & Arialの太字

『まるごとPASTA図鑑2019年版』刊行

▲Arialは太字にしてもつぶれないので、インパクトあるタイトルが作れる

メイリオ&Segoe UI

20代、30代の年金額はHow Much?

▲ともに視認性のよいフォントだが、太さのバランスも適度に揃っている

《明朝体とセリフ体の組み合わせ》

游明朝 & Palatino Linotype

5月24日(金)午後3時からThanks Saleを開催!

▲オールドスタイルのPalatinoフォントでスッと読ませるのも面白い

游明朝 Demibold & Times New Roman

Farmer's inn「緑の庵」2019年秋オープン!

▲品よく見せるならTimes New Romanが使い勝手がいい

游明朝 & Century

USB-Cなら約20分でスピード充電できる

▲見慣れたCenturyだが、サイズと太さが近い明朝体との相性はバツグンだ

使用するフォントを吟味して、紙面が醸し出す印象を操作しよう！

パターン1　大きく現代的なフォントでアクティブな印象を作る

- メイリオ&太字
- Segoe UI Semibold
- 和文は「メイリオ」、欧文は「Segoe UI」を使用
- 元気・楽しさを伝える写真

パターン2　伝統を感じさせるフォントで落ち着いた印象を作る

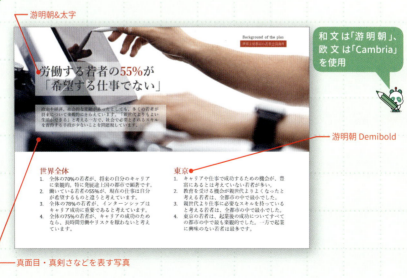

- 游明朝&太字
- 和文は「游明朝」、欧文は「Cambria」を使用
- 游明朝 Demibold
- 真面目・真剣さなどを表す写真

PowerPoint のトリセツ：両端揃え／スペルチェック

さりげなく読みやすい文章に仕上げるには、文末をきれいにしておこう！

フォント選びに気を使ったら、文章もきれいに見せましょう。文章の末尾が調整されて右端に揃う「**両端揃え**」は、縦方向がきれいに見えます。
また、仕上げには、スペルチェックと文章校正でミスを取り払っておきましょう。

操作1 「両端揃え」で行末を整える

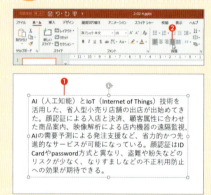

▲ ❶ テキストボックスを選択
❷ [ホーム]タブの「段落」にある[両端揃え]をクリック

▲ ❸ 行末の文字位置がきれいに並ぶ

操作2 スペルチェックと文章校正

▲ ❶ [校閲]タブの「文章校正」にある[スペルチェックと文章校正]をクリック

▲ ❷ スペルミスが見つかると、作業ウィンドウに該当箇所が反転表示される
❸ 修正候補の単語と置き換えるときは、[変更]をクリックする

※操作❸のとき、修正しない場合は[無視]をクリックします。さらにスペルや文字の修正候補があるときは、校正機能を続けます。

文書の種類
チラシ

自転車の魅力をうたう資料。
内容が伝わりやすいのは
どっち？

レベル
★★☆

A

B

 同じ大きさの文字が続くと、単調でつまらない印象になってしまいます。

A 08

Q 08 の答え　B

NG の理由

- ✗ パッと目にとまる気づきの要素が見当たらない
- ✗ 文字サイズに差がないので全体が一様で退屈だ
- ✗ 情報が均一的なので重要な箇所が見つからない

A

Good の理由

- ○ 自然と大きな見出しに視線が向かうようになる
- ○ 大きな文字を読めば、主旨がつかめる気がする
- ○ 見出しと本文に差があるのでリズミカルに感じる

B

キーワード：文字サイズと強調

デザインのルール

のっぺりと単調になってしまうときは、優先度が高い文字を大きくしよう！

❶ 大事な言葉を大きくすると、そこに読み手の視線が集まる

要点を「早く」「正確に」伝えるのがチラシの使命。大事な言葉を大きな文字サイズにしてみましょう。大きな文字に自然と視線が集まって、読み手が勝手に読み始めてくれます。

ただし、限られた紙面に**大きな文字がゴロゴロあっては逆効果**です。「最初に読んでもらいたいところ」「絶対覚えてほしい言葉」だけ大きくしましょう。見出しだけでも読んでもらえたら、メッセージは届きます。

▲横向きの例。見出し20pt、本文11ptの差で見出しを強調。用紙の向きや要素の数とカタチで、1行文字数と文字サイズを加減する

❷ 情報に差があると、大きい箇所が「重要だ」とわかる

情報要素に差をつけると、**大きい箇所が重要**だとわかります。優先度が高い情報を大きく扱えば、読み手の視線を誘い、主旨を素早く理解してもらうことができます。全体の単調さを解消し、大事な箇所を目立たせられる一石二鳥の方法です。

▲写真を大きく扱い、キャッチコピーを添えてイメージを訴求した。見出し16pt、本文10ptでリズミカルに読ませている

69

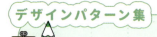

デザインパターン集

存在感ある文字づくりを考えて、タイトルや本文の狙った箇所を印象づけよう！

パターン1　タイトルで一気に勝負する

▲タイトルだけで内容をつかんでもらう

▲写真と重ね合わせて印象的に見せる

パターン2　素早く主旨を理解させる

▲作家の名前を主役にしたレイアウト

▲作品の特徴を前面に出したレイアウト

パターン3　スムーズに本文に誘い込む

▲上から下へ誘導してキーワードを読ませる

▲「4つ」あることをひと目でわからせる

70　Chapter 2　表情が伝わる文字でデザインしよう！

○○で困ったときは？

レイアウト要素が文字しかないときは？

レイアウトの要素にビジュアル素材がなく、文字だけの場合は、意図的に一部を大きくしたり、目立たせる仕掛けをすると、手軽な割に効果的なデザインになります。

パターン1　文字の見せ方に変化をつける

左：文字ずつサイズと向きを変える
右：斜めにして、紙面からはみ出させる

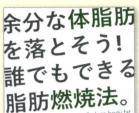

パターン2　文字の一部をイラストに

左：テーマに合うアイコンで表現
右：文字の一画だけ伸ばして、目立たせる

パターン3　線や囲みでデザインする

左：吹き出しで印象的に見せる
右：対照的な線を使って、タイトルを引き立てる

PowerPoint のトリセツ：文字の変形／塗りつぶし

テキストボックスでは限界がある。
印象的なタイトルを作るなら文字を変形しよう！

文字を **変形** すると、インパクトのある文字になります。変形後は影や反射、文字の輪郭といった機能が使えます。
また、変形後の文字を画像で塗りつぶすと、カラフルな文字が表現できます。

操作 1 文字を変形する

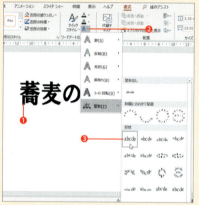

▲ ❶ テキストボックスをクリック
　❷ [描画ツール]の[書式]タブにある「ワードアートのスタイル」から「文字の効果」をクリック
　❸ [変形]の[形状]から[四角]などを選択

▲ ❹ 文字が変形される

操作 2 文字を画像で塗りつぶす

▲ ❶ 変形した文字をクリック
　❷ 右クリックして[図形の書式設定]を選択

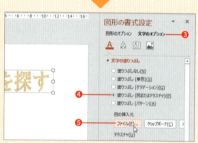

▲ ❸ [図形の書式設定]ウィンドウの「文字のオプション」をクリック
　❹ 「文字の塗りつぶし」の[塗りつぶし(図またはテクスチャ)]をオン
　❺ 「図の挿入元」の[ファイル]をクリック

▲ ❻ [図の挿入]ダイアログボックスで画像を選択して[挿入]をクリック
　❼ 変形文字が画像で塗りつぶされる

Q09

文書の種類：資料

新商品発売に向けた営業資料。
商品をイメージしやすいのはどっち？

A

午後3時の囁き。

**PCを使いながら
片手で食べられるおやつ**

おいしすぎてついつい食べ過ぎてしまう、発売から大好評の「デビルのおにぎり」の姉妹品として「デビルのおやつ」を企画しました。発売から2週間で100万個を販売したおにぎりですが、今回はオフィスで働く人に向けたおやつです。
白だしで炊き上げたご飯に各種具材を混ぜ込み、絶妙の味付けで整えたこだわりのおやつです。昼食を取り逃した人や、小腹がすくおやつ時刻を狙った、ビジネスマンやOLが食べやすいと思える仕様です。

- スティックタイプのごはん
- 片手でパクパク食べられる
- 手が汚れないシート包装
- サッと隠すことができる
- 予価　　　200円（税込）
- カロリー　250kcal

前回のおにぎり同様、SNSのインスタ映えを意識し、アレンジ料理の画像アップを期待してネット販促を展開します。SNSで取り上げられれば、顧客の来店動機につながります。
何より来店さえしてもらえたら、飲料や菓子などの「ついで買い」が見込めます。飽和状態のコンビニであっても、マーケティングを工夫すれば、依然集客できる余地があります。

B

シリーズ第2弾「デビルのおやつ」を発売!

おいしすぎてついつい食べ過ぎてしまう、発売から大好評の「デビルのおにぎり」の姉妹品として「デビルのおやつ」を企画しました。発売から2週間で100万個を販売したおにぎりですが、今回はオフィスで働く人に向けたおやつです。
白だしで炊き上げたご飯に各種具材を混ぜ込み、絶妙の味付けで整えたこだわりのおやつです。昼食を取り逃した人や、小腹がすくおやつ時刻を狙った、ビジネスマンやOLが食べやすいと思える仕様です。

- スティックタイプのごはん
- 片手でパクパク食べられる
- 手が汚れないシート包装
- サッと隠すことができる
- 予価　　　200円（税込）
- カロリー　250kcal

前回のおにぎり同様、SNSのインスタ映えを意識し、アレンジ料理の画像アップを期待してネット販促を展開します。SNSで取り上げられれば、顧客の来店動機につながります。
何より来店さえしてもらえたら、飲料や菓子などの「ついで買い」が見込めます。飽和状態のコンビニであっても、マーケティングを工夫すれば、依然集客できる余地があります。

ヒント 差し障りのない言葉や冗長な文章は、読者に敬遠されます。

A 09

Q 09 の答え　A

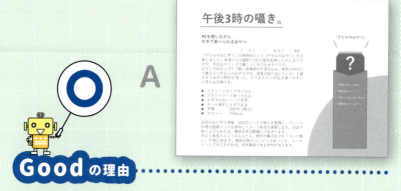

Good の理由

- 気の利いたキャッチコピーがあるので興味が湧く
- 見出しを読むと、ターゲットが明確にわかる
- 商品の特長を箇条書きで表している

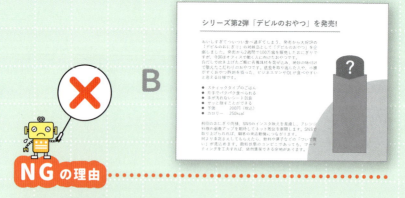

NG の理由

- 差し障りのないタイトルなので、興味を持てない
- 全文を読まないと、内容がわからないのはつらい
- 要約されたひと言があれば、理解が早いのだが…

キーワード：見出し

デザインのルール

伝わるデザインにしたいなら、短くて簡潔な「ひと言」で表現しよう！

❶ ひと言で言い切る言葉には、わかりやすさと説得力が生まれる

たくさん書けば、相手に伝わると思っていませんか？ 長い文章、多すぎる情報は、読み手の興味を削ぐ大きな要因です。ビジネス資料は、見た瞬間に直感的に内容がわかることが求められます。それには「ひと言で言い切る」ことが大事です。
スパッと言い切ったひと言は、いわゆる言葉のアイキャッチになります。簡潔で、わかりやすく、気の利いた言葉で表現しましょう。

❌ 冗長な言葉や窮屈なレイアウトからは、わかりやすさと説得力は生まれない

⭕ 簡潔な「ひと言」には言葉の強みを感じ、紙面にアクセントも生まれてくる

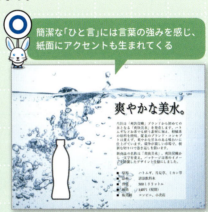

❷ 読み手の興味をそそる「1行見出し」を用意する

ビジネス資料は、最後まで読まないと結論が見えない文章はNGです。必要な情報が一見してわかる構成にしましょう。意外と忘れがちなのが、「見出しを作る」ことです。メッセージやキーワードを含めた見出しを作れば、伝えたい内容や記憶に残る言葉が読み手に届きます。

❌ ありふれた言葉を無頓着に使うと、安っぽくなる

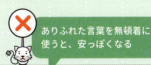

⭕ ターゲットを明確にすると、言葉に説得力が増す

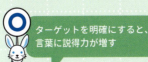

⭕ 自分に関係があると思えば、読み手の意識が動く

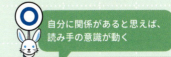

PowerPoint のトリセツ：図として保存

文字をアイキャッチのように使いたいなら、図で保存しておくと扱いやすい！

文字を図として扱えば、より凝ったデザインが可能になります。投影や影を付けたスタイルにしたり、絵画のようなアート効果を適用したり、表現のバリエーションが増えます。

操作 文字を図として保存する

▲ ❶テキストボックスを右クリック
❷[図として保存]を選択

▲ ❸保存先とファイル名を指定
❹[保存]をクリック

▲ ❺図として保存される

◀ 図を挿入後、「アート効果(鉛筆：スケッチ)」+「色の変更」を適用

◀ 図を挿入後、「図のスタイル(回転、白)」を適用

見出しは本文へのナビゲーター。
いろいろな方法で楽しく読ませよう！

 基本的な飾りで違いをつくる

誰もが唸る旨さの秘密
▲文字に色を付ける

憧れの小顔を手に入れる
▲文字の上下に罫線を引く

私、それでも現金派です。
▲文字の下に網や色を敷く

▶客が絶えない理由
▲色ベタ図形を敷いて白抜き文字にする

 文字と枠でアクセントをつける

中 小 企 業 の 勝 算
▲一文字ずつ枠で囲む

働き方改革は是か非か？
▲1文字だけ大きくして白抜き文字にする

▲飾り枠に入れる

 パーツを添えて視線を集める

徒歩で行ける美食の街
▲先頭に四角形、全体に下線を入れる

今週のアクセスTOP5
▲行頭にアイコンを入れる

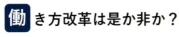
▲文章に「中かっこ」を組み合わせる

スタッフ募集中!!
▲吹き出しを使う

やってはいけないNG集

肝心の文字が読めなくては本末転倒。
自己満足にならないように十分注意しよう！

パターン1 装飾しすぎてはいけない

✕ 影や反射は文字が読みにくくなるだけ…。
どうしても使う場合は「ほんの少し」だけ！

✕ 色文字＋光彩はボヤっとする…。
1文字のワンポイントで抑える！

パターン2 変形しすぎてはいけない

✕ 変形は文字が歪んでしまうこともある。
文字数を減らして比率を保とう！

✕ クネクネした文字は安っぽい印象になる。
背景や罫線で工夫するほうがよい！

パターン3 メリハリがないといけない

✕ 文字サイズが同じなので退屈に感じる。要素間にハッキリした差が欲しい…

✕ きれいにまとまってはいるが、情報に差がないので直感的に伝わってこない…

コピーと写真で構成したスライド。文章の並びがきれいに見えるのはどっち？

A

B

 きっちり見せる箇所と、余裕を持たせる箇所を使い分けたい。

A 10

Q 10 の答え　**A**

Good の理由 ··

- タイトルのカタカナの字間を詰めて整えた
- 見出しの字間を広げて読みやすくした
- 本文の行間を広げてゆとりを持たせた

NG の理由 ··

- タイトル文字が少し間延びして見える
- 見出しの全漢字が窮屈に見える
- 本文の行間が詰まって見える

キーワード：行間／字間

プレゼンに勝ちたいと思うなら、字間、行間を大切にしよう！

❶ ほどよい行間は読みやすく、内容がわかりやすくなる

一般に行間を狭くすると、段落としてのまとまりは出ますが読みにくくなり、行間を広げると文字はハッキリ読めるものの間延びしがちです。

「文章を読む」という行為は、行を目で追い続ける動作です。最適な行間は、1行の文字数と行数、フォントと文字サイズに関係します。標準設定のままにしないで、読みやすく美しく感じる行間を設定しましょう。

▲行間が狭いと文章が詰まって見え、窮屈な印象を与えてしまう

▲行間を広げるとゆとりが生まれ、文章が目で追いやすくなる

❷ 読みやすい字間で好印象を与えよう

文字と文字の間隔である字間によって、全体の印象が変わります。字間を詰めると緊張感が生まれ動的な印象になり、広げると余裕やおおらかさが出ます。

インパクトある大きなタイトルの字間を詰めたり、表内の文字を広げたりすると、読みやすさがワンランクアップします。

末尾の1、2文字が1行に収まらない場合は、文章全体の字間を詰めてもよいですし、カタカナだけを詰めるような微調整も試してみましょう。

▲大きなカタカナ文字は字間の隙間が広く、間延びして見える

▲カタカナの字間を詰めるだけでも、タイトルが締まって見える

PowerPoint のトリセツ：行間／文字の間隔

手早くリボンからサイズを選ぶか、ダイアログボックスで細かく設定してみよう！

行間と字間はリボンから簡単に設定できます。細かな設定をする場合は、ダイアログボックスを開いて指定しましょう。あまり神経質にならず、イイ感じの距離感を見つけてください。

 行間を広げる

▲ ❶テキストボックスを選択

▲ ❹行の間隔が広がる

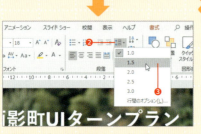

▲ ❷[ホーム]タブの「段落」にある[行間]をクリック
❸[1.5]などを選択

※もっと細かな数値を指定したいときは、操作❸で[行間のオプション]を選択して、[段落]ダイアログボックスの[インデントと行間隔]タブで設定します。

※行間は[倍数]で[1.3]～[1.7]倍くらい、または[固定値]で現在の文字サイズより2～6ポイント大きい程度を目安に指定するとよいでしょう。

行間を24ポイントに広げる例

Chapter 2 表情が伝わる文字でデザインしよう！

操作2 字間を詰める

◀ ❶文字列やテキストボックスを選択

◀ ❷[ホーム]タブの「フォント」にある[文字の間隔]をクリック
❸[より狭く]などを選択

◀ ❹文字の間隔が詰まる

※[狭く]を選択すると字間が1.5pt詰まり、[より狭く]で3pt詰まります。逆に、[広く]で字間が1.5pt広がり、[より広く]で3pt広がります。

※さらに細かい数値を指定したいときは、操作❸で[その他の間隔]を選択し、[フォント]ダイアログボックスの[文字幅と間隔]タブで設定します。

字間を
6ポイント分
詰める例

デザインパターン集

字間と行間を意識して、感じ取れる印象をコントロールしよう！

パターン1　ゆったりした行送りで余韻を残す

行間「1.3」倍

行間「1.5」倍

カタカナだけ字間「より狭く」

▲静けさ漂う写真には、ゆったりした行送りが似合う

標準の行間でも悪くはないが…

行間を広げると、余裕が出てゆったりした印象に！

パターン2　ビジュアルに合わせて緊張感をつくる

主役の文章の字間は「標準」のまま

字間を「狭く」に設定

▲迫力ある写真では、キュッとまとまった文章が緊張感を生む

標準の字間でもかまわないが…

字間を詰めてまとまりを出せば、デザインの要素としても効果的！

子育て本の告知チラシです。
デザインに合わないフォントを
使っている番号を選び、
その理由を答えてください。

①

②

③

④

クイズ C の答え ❶ ❷ ❸

❶は**游明朝**と**游明朝Demibold**を使っています。このフォントは、堅い雰囲気を出すビジネス資料向けのフォントなので、柔らかな幼児の手のひらの写真には似合いません。

❷は**HGP創英角ポップ体**を使っています。にぎやかで個性的なフォントですが、ごちゃごちゃして読みにくく、幼児の写真と文章の内容ともギャップがあります。

❸で使っているフォントは**HG教科書体**で、筆書きの楷書体に近いものです。商品がマンガであることを考えると、真面目で格調が高すぎます。

❹は**メイリオ**を使っています。丸みがあり、字面の大きな可読性が高いフォントです。本例の「やさしい」「ふんわりした」ビジュアルのテイストにマッチしています。**HGゴシックM-PRO**などの丸ゴシック系もおススメです。

游明朝

はじめての子育ては悩むことばかり。寝ない、泣き止まないといった日々の生活習慣から、健康や遊び、教育までいろいろな育があることでしょう。しかも新米ママと新もなれば、本人たちの育児の悩みや葛藤は推し量れないもの。あれもこれも完璧に

HGP創英角ポップ体

はじめての子育ては悩むことばかり。寝ない、泣き止まないといった日々の生活習慣の問題や遊び、教育までいろいろな育児の悩みがあう。しかも新米ママと新米パパともなれば、本人児の悩みや葛藤は、他人には推し量れないものれも完璧にこなそうとするほど、ママの負担、パ

HG教科書体

はじめての子育ては悩むことばかり。寝ない、泣き止まないといった日々の生活習から、健康や遊び、教育までいろいろな育があることでしょう。しかも新米ママと新もなれば、本人たちの育児の悩みや葛藤は推し量れないもの。あれもこれも完璧に

メイリオ

はじめての子育ては悩むことばかり。寝ない、泣き止まないといった日々の生活習から、健康や遊び、教育までいろいろな育があることでしょう。しかも新米ママと新もなれば、本人たちの育児の悩みや葛藤は推し量れないもの。あれもこれも完璧に

HGゴシックM-PRO

はじめての子育ては悩むことばかり。寝ない、泣き止まないといった日々の生活習から、健康や遊び、教育までいろいろな育があることでしょう。しかも新米ママと新もなれば、本人たちの育児の悩みや葛藤は推し量れないもの。あれもこれも完璧に

86　Chapter 2　表情が伝わる文字でデザインしよう！

クイズ D

**フォントや文字の扱いに関する文章です。
文中の空欄を埋める言葉の記号を
下にあるリストから選んでください。**

和文フォントにはゴシック体と明朝体があります。一方、欧文フォントには文字の端に装飾がある（　①　）と装飾がなく線が均一な（　②　）があります。

和文と欧文を混在して使う場合は、ゴシック体には（　②　）、明朝体には（　①　）を合わせると、文字が馴染んできれいに見えます。パワポ 2016 以降の標準フォントは（　③　）、テキストボックスは（　④　）ポイントで新規作成されます。

昨今は「誰にとっても見やすく読みやすい」という考え方の（　⑤　）が求められています。（　⑥　）や Segoe UI はこれを意識して作られたフォントです。

また、紙面の雰囲気は、行と行の間隔である（　⑦　）によって大きく変わります。じっくり読んでもらいたいときは広げて落ち着いた雰囲気にして、文章量が多いときは狭めると引き締まって見えます。

同様に、文字と文字の間隔である（　⑧　）をどれくらい取るかによっても、全体の印象が変わります。この距離を詰めると緊張感が生まれ、逆に広げると余裕やおおらかさが出ます。

- ㋐：教科書体
- ㋑：游明朝
- ㋒：游ゴシック
- ㋓：HG 創英角ゴシック UB
- ㋔：フリーフォント
- ㋕：ユニバーサルデザインフォント
- ㋖：サンセリフ体
- ㋗：セリフ体
- ㋘：11
- ㋙：18
- ㋚：新ゴ
- ㋛：イワタ UD ゴシック
- ㋜：メイリオ
- ㋝：Arial
- ㋞：段落
- ㋟：字間
- ㋠：改行
- ㋡：行間

クイズ D の答え

①：ク　②：キ　③：ウ　④：コ　⑤：カ
⑥：ス　⑦：ツ　⑧：タ

行間は、広すぎず狭すぎないように

行間が配慮されている紙面は、スムーズに文章を追いかけられます。最適な行間は、使用する文字サイズや行の長さ、文字量によって異なります。1行の文字数が少ない場合は、行間が狭くても違和感がないこともありますので、読みやすさを確保しながら**美しいと思える行間**を見つけてください。この反復により、デザインにまとまりや統一感が生まれます。

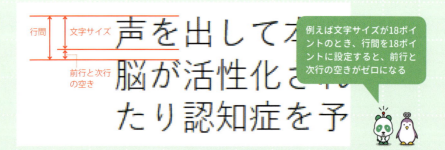

例えば文字サイズが18ポイントのとき、行間を18ポイントに設定すると、前行と次行の空きがゼロになる

なお、**メイリオ**や**游ゴシック**は、テキストボックスの下の空きが広くなり、文字が少し上に寄ります。他のレイアウト要素と揃える場合は、文字のベースラインに合わせるなどして位置をずらすとよいでしょう。

游ゴシック
美しいデザインの心得

メイリオ
美しいデザインの心得

MSゴシック
美しいデザインの心得

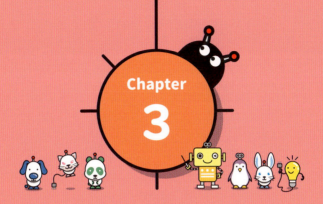

要素の見せ方を考えて
デザインしよう！

ビジネス資料のデザインは、読み手がストレスを感じないように、きちんと情報が整理されていなければなりません。同時に、読み手に興味を持ってもらえるように美しくレイアウトすることも大事です。どのような言葉を使い、どのような表現をして、どこにレイアウトすれば、読み手に共感してもらえるか？　メッセージが「正しく」「効率的に」伝わるように、要素の見せ方を考えてデザインしましょう。

整列
余白
視線の流れ
表
配色

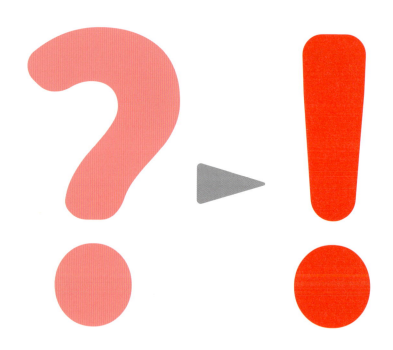

スマートガイド
文字のオプション
数字やアイキャッチ
ユーザー設定の余白
色の設定

文書の種類
チラシ

Q11

レベル ★★☆

新メニューの紹介チラシ。
整って見えるレイアウトは
どっち？

A

B

 凝りすぎると読みづらくなる…。揃えるところは揃えるのがキホン。

Q 11 の答え A

Good の理由

- タイトルと見出しと本文の空きが揃っている
- 本文と写真の横幅が揃って美しく見える
- シンプルな配置だが、「揃える場所」を押さえてある

NG の理由

- 交互に配置された要素が凸凹して煩わしい
- 本文の始まりが段ごとに異なるので読みにくい
- 要素間の距離が微妙に揃っていない

キーワード：整列

デザインのルール
美しく見せたいなら、位置と間隔を1ミリのズレもなく揃えよう！

❶ 要素の位置を揃えると、規則性が出て美しく見える！

要素を整列させるには、「端」を合わせてみましょう。文章の読み出し位置、写真とテキストボックス、図形同士の水平・垂直ラインといった要素の端を揃えます。仮想線を想定して要素を合わせると、美しいレイアウトに近づきます。

微妙に揃っていないと、落ち着かなくて無神経に感じてしまう…

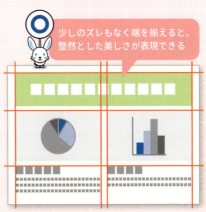

少しのズレもなく端を揃えると、整然とした美しさが表現できる

❷ 要素の間隔を揃えると、情報が整理されてきれいに見える

見出しと本文の間隔、箇条書きの記号と先頭文字の距離、並列に配置された画像の空きなど、要素の間隔を揃えると秩序が生まれます。情報に優先順位をつけたり、関係性の強弱を表すときには、間隔を揃えるテクニックが大切になります。

要素ごとに間隔を統一すると、情報の共通点と関係性がハッキリする

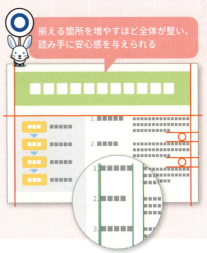

揃える箇所を増やすほど全体が整い、読み手に安心感を与えられる

PowerPoint のトリセツ：配置

配置機能を何回か繰り返して
要素間の位置と間隔をピッタリ揃えよう！

自分が設定した仮想線上に要素を並べるには、リボンから配置機能を選ぶか、要素をドラッグで移動させる際に表示される「**スマートガイド**」を使いましょう。

 複数の要素を整列させる

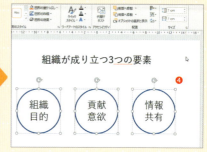

▲ ❶図形などを選択 ➡ ❷[描画ツール]の[書式]タブにある「配置」の[配置]をクリック ➡ ❸[左右に整列]などを選択

▲ ❹図形などが揃う

 スマートガイドで揃える

▲ スマートガイドは、図形などをドラッグで移動させているときに、近くの図形などの上下や左右の端にピッタリ合ったときや、距離が同じ位置にあるときに表示される点線のガイドラインです。位置関係を凝視する必要がなく、揃えや等間隔にレイアウトするのに便利な機能です

※ガイドやグリッド線を表示して、これらを目安にレイアウトする方法もあります。**Q 04**の31ページを参照してください。

94　Chapter 3　要素の見せ方を考えてデザインしよう！

デザインパターン集

最適な揃える場所を見つけて
整然とした美しさを演出しよう！

パターン1　左端に揃える

パターン2　中央に揃える

パターン3　間隔を揃えてキッチリと収める

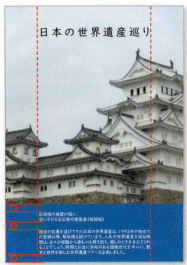

▶ パターン1（左上）
左端の読み出し位置が揃うと、「揃っていること」が一層強く伝わる

▶ パターン2（右上）
すべての要素を中央に揃えると、整然とした安定感が感じられる

▶ パターン3（左下）
背景に写真を敷いて文字を揃えると、デザインの印象が違って見える

ちょっと ひと休み

揃える場所を見つけよう！

揃え方を決めよう！

文書の種類 資料

レイアウトにゆとりがあって読みやすいのはどっち？

Q12 レベル ★☆☆

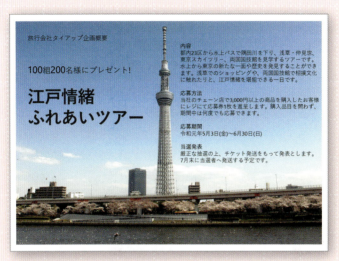

A

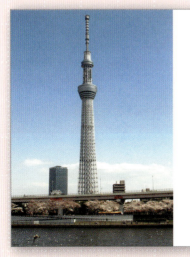

B

 何もない部分を作ると、ゆとりと緊張感が出て美しく見えます。

A12

Q 12 の答え　**B**

NG の理由

× 写真を大きく使い、インパクトを出そうとしている
× しかし、文章の配置が構図の効果を阻害している
× 文章が左右いっぱいまであって、窮屈に見える

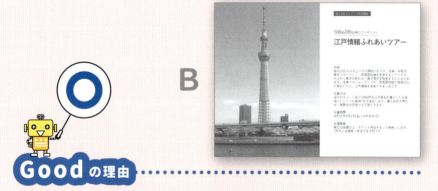

Good の理由

○ 被写体の存在感を強調できる写真にした
○ 文章は右側にまとめてレイアウトした
○ 文字サイズを小さくして美しい余白を作った

キーワード：余白

デザインのルール

余白はデザインの一部だ。
埋め尽くさないレイアウトは、結局美しくなる！

❶ 余白を作ると、デザインにゆとりと緊張感が生まれる！

「あれもこれも」という気持ちが強いと、要素を詰め込んだ窮屈なレイアウトになりがちです。「**余白**」は意図的に何もない場所を作って、紙面のバランスや雰囲気をコントロールするものです。ゆとりと緊張感を生み出す余白は、洗練された印象を醸し出し、空間や奥行きを作り出すことができます。

要素を目立たせようと思うと、ついつい「大きく」「隙間なく」並べがちだ

❷ 広い余白を作ると、そこにある要素が自然と目立つ！

何もないところにモノがあると目立つように、周囲に余白があると自然と視線が集まります。大きくしたり、色を付けるといった必要はありません。余白は、要素が密集する場所とそうでない場所のバランスを図ると効果的です。広く取ると高級感やゆとり、狭く取るとにぎやかさや緊張感が生まれる特徴を上手に利用しましょう。

余白を作ると歴然。要素が大きくなくても自然と目が留まるようになる

PowerPoint のトリセツ：余白の変更

テキストボックスの余白を調整して、文章の泣き別れといった読みにくさを解消しよう！

段落の間隔を広げると文章のかたまりが顕著になり、内容がつかみやすくなります。文章の泣き別れや図形内文字のバランスの悪さは、**テキストボックスの余白**を変更してきれいにしましょう。

操作1 段落の間隔を広げる

▲ ❶テキストボックスを選択 ➡ ❷[ホーム]タブの「段落」にある[段落]ダイアログボックス起動ツール をクリック

▲ ❸[インデントと行間隔]タブをクリック ➡ ❹「間隔」の「段落後」ボックスで数値（ここでは12ポイント）を指定 ➡ ❺[OK]をクリック

▲ ❻段落間が広がる

操作2 テキストボックスの四辺を調整する

▲ ❶テキストボックスを選択 ➡ ❷右クリックして[図形の書式設定]を選択

▲ ❸「文字のオプション」にある「テキストボックス」の余白の数値（ここでは、左右の余白を「0.1 cm」に変更）を指定 ➡ ❹文字が追い込まれてバランスがよくなる

○○で困ったときは？

余白を作る場所が
わからないときは？

余白は情報をまとめ、区別し、見やすくするために作ります。デザインの雰囲気を醸し出すためにも利用します。余白をどこに作っていいかわからないときは、主に以下のような場所に注目して作ってみましょう。

① 要素と要素の間に作る

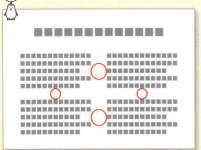

要素と要素の間に余白を作ると、情報がまとまって見えます。余白の幅を変えれば、同じ情報か違う情報かを区別することもできます。

② 用紙の切り口と要素の間に作る

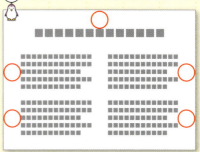

用紙の切り口（裁ち）と要素の間に余白が必要です。左右の端、上下の端の余白の幅を揃えると、1枚の紙面にバランスよくまとまります。

③ 見出しと本文の間に作る

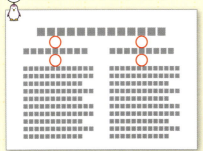

タイトルや見出しと本文の間に余白を作ると、内容の理解が進みます。見出しを読んだ後に、一息ついて本文に進めるのでリズムが出ます。

④ 図版同士と本文の間に作る

写真や図解といった図版間や、それを説明する文章などの要素の間に余白を作りましょう。それぞれの余白の距離にルールを設けてください。

広い余白と狭い余白を使いこなして
好印象のデザインを作り出そう！

 適切な余白、大胆な余白を紙面に生かす

✕ 余白が少ないと、情報の満腹感と作り手の無神経さが伝わってしまう

○ 適度な余白を取るだけで、落ち着きと信頼感が感じられるようになる

○ 同列の情報ごとに余白の幅を揃えると、内容が理解しやすくなる

○ 文字を削ったり小さくして、大胆な余白で見出しに注目させよう

余白を広く取ってゆったり感を表現する

◀ 写真や文字の周りを広い余白で取り囲むと、その存在が際立ち読み手をハッとさせられる

◀ 余白のある写真を使うときは、独特な空気感を損なわないように端的な言葉を選ぶようにしたい

▶ 被写体の指す方向や視線の先にキャッチコピーを置くと、自然と読み手の注目が集まるようになる

▶ 開放感ある写真を使うときは、広い余白で"抜け感"を意識するとスッキリしたレイアウトになる

ちょっと ひと休み

ビジュアル資料の余白は、デザインの一要素

余白はデザインの一要素。空いているからって、埋め尽くしちゃダメ！

ビジネス資料の余白は、読みやすくするクッション

余白があるから情報に違いが出て、リズミカルに読み進められるんだ！

文書の種類 企画書

販促イベントの1枚企画書。提案の意図をつかみやすいのはどっち？

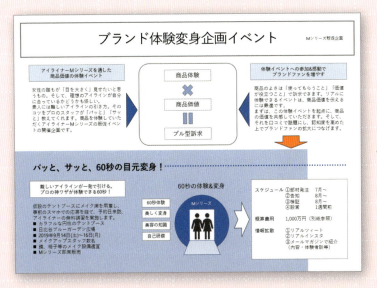

A

B

 読み進めていくうちに、自然と論旨が頭に入ってくるのがベスト。

Q 13 の答え　B

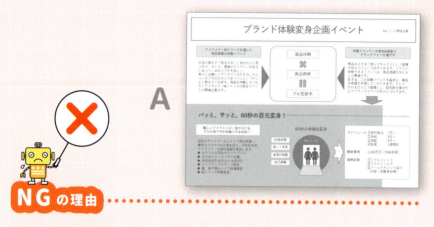

A

NG の理由

× いろいろな図形が目に飛び込んできてしまう
× そのため落ち着かないレイアウトに感じる
× 読む順番を示す方向図形が目立ちすぎる

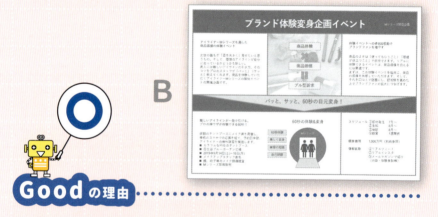

B

Good の理由

○ ブロック型レイアウトで整然とまとめられている
○ 上段から下段への主旨の流れがスムーズだ
○ 適度な余白と緻密な整列が"囲み"の窮屈さを感じさせない

キーワード：視線の流れ

デザインのルール

情報を詰め込む1枚企画書は
やさしく誘導してストーリーを追わせよう！

❶ Z型のレイアウトにすれば、自然と視線が移動できる！

メッセージを正しく伝えるには、論旨に沿って読み進めてもらう必要があります。ストーリー通りに視線を追ってもらえれば、プレゼン成功の確率は高まります。その際は、読み手に負担のかからない自然に読める流れを作りましょう。「左から右」「上から下」に視線を動かす **Z型のレイアウト** は、ストレスなく読み進められます。

ブロック型のレイアウトを避けたい場合は、見出しに番号を付けるだけで読む順番がわかる！

❷ 大きすぎず、目立ちすぎず、あくまでも自然に誘導する！

読む順番を誘導するには、道路標識のような矢印で明示する方法もあります。使用する図形は、二等辺三角形やブロック矢印が適当です。
角度のある方向に読み手の視線が動きますが、角度を付けすぎると強制されるようで嫌味を感じ、大きくて色が濃すぎると存在が目立ち、レイアウトを崩してしまいます。緩い角度で淡色、枠線のない図形を使うといいでしょう。

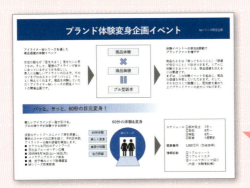

さりげなく誘導できる図形がベスト。たくさん使わず、目線が切れる箇所だけに使いたい！

ストーリーが追えるように
読み手が迷わない流れを作ろう！

パターン1 自然な目線の流れで誘導する

中央に置いた下向き台形が
上段→下段の流れを作っている

見出しに図形を置くと、アクセントに
なって目で追いかけるようになる

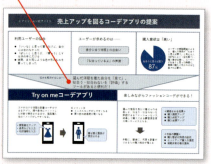
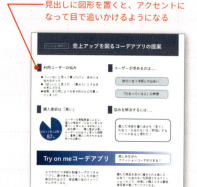

▲ 左→右、上→下へと流
れていくのが、自然な
目線の流れだ

▶ 縦向き用紙は、自ずと
上→下への流れが強く
働くようになる

パターン2 方向図形でやさしく引き込む

方向図形はむやみに配置しないで、
流れが滞ると感じる箇所だけに入れよう

外枠に緩い角度の方向図形を使うと、
全体がまとまりやすい

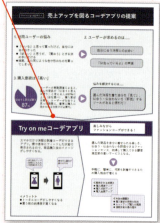

▲ レイアウトが混雑してきたら、
次に読む箇所をを方向図形で指
し示そう

▶ 図形のカタチやサイズ
で、流れの強弱や要素
の関係性を適切に表現
したい

パターン3 Z型以外で強い印象を与える

▶ インパクトを狙うならZ型以外のレイアウトを考えてみよう

自然な流れに逆らう場合は、視線を誘導する仕掛けをしっかり作ろう！

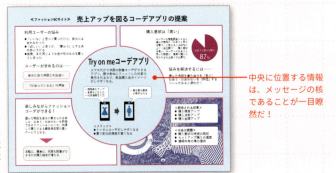

▶ 最初に見てもらいたい要素を中央に配置すると、とても目立つようになる

中央に位置する情報は、メッセージの核であることが一目瞭然だ！

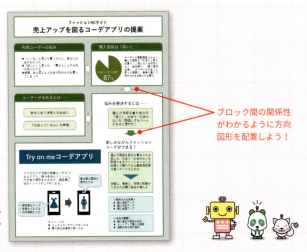

▶ 不規則な図形を使うと、変化やアクセントを感じるレイアウトになる

ブロック間の関係性がわかるように方向図形を配置しよう！

○○したいときは？

方向図形以外で視線を誘導したいときは？

視線の誘導に矢印や三角形ばかり使うと、落ち着きや上品さがなくなります。方向図形を使わなくても、**数字やアイキャッチ**などを使って、意図した通りに読者を誘い込むことができます。

① 数字をつける
数字があると、思わず順を追う習性がある

② アクセントをつける
シンプルな記号を1文字入れるだけでもアクセントになる

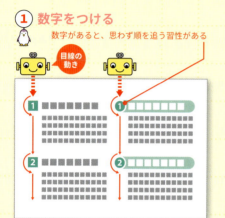

1、2、3…という数字を見出しにつければ、読む順番が明確です。多少不規則な並び方でも、人は数字の順に読むものです。上品に見せたいときは、時計文字（Ⅰ、Ⅱ、Ⅲ）を使ってもいいでしょう。

■や◆といった記号やアイコンは、視線を誘うアクセントとして効果的です。写真やイラストをアイキャッチとして使えば、そこに視線を集められます。いずれもカタチと色、サイズを同じに扱うことで読み手の共通意識が働くようになります。

③ 対象を大きく見せる
文字サイズに差をつければ、優先順位が生まれる

④ グラデーションを使う
図形の形状とグラデーションの組み合わせで視線を動かせる

新発売！　新しく懐かしい食感スイーツ
クリームポテトシュー

―― カロリー無視の超バーガー ――
Hybrid Burger

新発売　**くろふわチョコスフレ**

夏のワクワク感を創出する

秋のシックな装いを体験する

冬の快適コーデ祭

人の目は「大きなもの」から「小さなもの」へと移ります。大きな写真やイラストがあればまずそれを見て、次に本文を見るのが普通です。
重要なもの、第一に見て欲しいものを大きくレイアウトするのが基本です。

グラデーションは、色や濃淡を段階的に変化させる方法です。濃いほうから薄いほうへと滑らかな動きが出て、紙面にリズムが生まれます。ベタ色では存在感が強い図形でも、枠線を付けないグラデーションならやさしく見えます。

文書の種類
スライド

情報を比較・検討したいときに最適なデザインはどっち？

男性と女性の目線に大きなズレ

男性がジムで鍛えているのは「腹筋」と「足」ですが、女性が注目している筋肉は「腕」と「背中」です。

順位	男性目線	女性目線
1	腹筋（42.9%）	腕（35%）
2	足（22.9%）	背中（22.9%）
3	胸（16.1%）	腹筋（16.1%）
4	腕（9.4%）	胸（13.3%）
5	その他（7.9%）	足（9%）
6	背中（6.1%）	お尻（1.2%）

A

男性と女性の目線に大きなズレ

男性がジムで鍛えているのは「腹筋」と「足」ですが、女性が注目している筋肉は「腕」と「背中」です。

■男性目線
1. 腹筋（42.9%）
2. 足（22.9%）
3. 胸（16.1%）
4. 腕（9.4%）
5. その他（7.9%）
6. 背中（6.1%）

■女性目線
1. 腕（35%）
2. 背中（22.9%）
3. 腹筋（16.1%）
4. 胸（13.3%）
5. 足（9%）
6. お尻（1.2%）

B

ヒント　情報が区分けされていると、項目同士の比較がしやすくなる。

Q 05 の答え　A

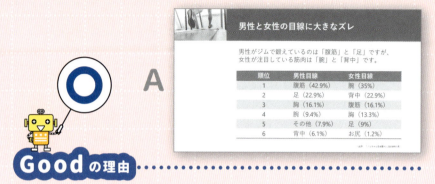

Good の理由

- 表によって情報がきちんと分類できている
- 男性と女性の情報がスムーズに比較できる
- 3項目のレイアウトに安定感がある

NG の理由

- 箇条書きブロックが2つある
- そのため、■や順位番号が重複している
- 男性と女性の情報比較がスムーズではない

キーワード：表

多くの情報を効率よく整理したいなら、まずは表を考えてみよう！

❶ 表にまとめると、情報がスッキリと分類・整理できる！

情報を効率よく整理できるのが**表**の特長です。多くの情報を手軽に分類・整理して見せるのに使い勝手がよく、プレゼンや資料作成では大事な表現手法の1つです。また、表を作る過程では情報の選択とまとめ方の吟味が欠かせないので、作り手のぼんやりしていた思考を整理するのにも役立ちます。

箇条書きだって万能な表現方法とは言えない。無駄な情報が比較の邪魔をする

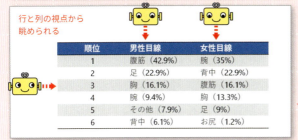

行と列の交点で情報をとらえられる表は、情報を比較・検討しやすい

❷ 必要最低限の装飾に留めてシンプルに作ろう！

表は「格子状の罫線を引いて出来上がり」になりがちですが、全体が黒っぽくゴチャゴチャしてしまい、あれこれ色を付けると、なおさら強烈な表になってしまいます。
表は、デザインできる箇所が多くはありません。少しの工夫で見違えるほど見やすくなりますので、必要最低限の装飾で十分です。シンプルに作るほど、情報の分類・整理がハッキリして表の特長が生きてきます。

見やすい表にするコツ

❶ 格子状に罫線を引かない
❷ 塗りつぶしは一部に留める
❸ 罫線の種類と太さを調整する
❹ データと罫線の間に適度な隙間を作る
❺ 見出しと文字データは左揃えにする
❻ 数値データは桁区切りカンマを付けて右揃えにする
❼ 行の高さや列の幅を揃えると、安定感が出る

113

PowerPoint のトリセツ：表の変更

データと罫線の距離感は表の仕上がりに直結。
セルの余白を変更して、美しく見せよう！

文字や数値が隣接する罫線に近いと、どうしても窮屈に見えてしまいます。紙面が許す範囲で、セルの余白を広げてみましょう。セルの周囲の余白は、リボンから簡単に変更できます。

 セルの余白を広げる

❶表を選択
❷[表ツール]の[レイアウト]タブにある「配置」の[セルの余白]をクリック
❸メニューから[広い]を選択
❹セル内の余白が広がる

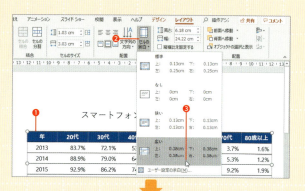

 セルの余白を指定する

自分でセルの余白の値を決めたいときは、前述の操作❸で[ユーザー設定の余白]を選択します。
「セルのテキストのレイアウト」ダイアログボックスの「内部の余白」にある上下左右ボックスに目的の数値を指定します（画面は初期値）。

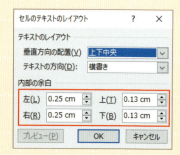

無頓着も凝りすぎもダメ。
カッコいい表より見やすさ重視で！

ポイント1 標準設定のまま使ってはいけない

年	20代	30代	40代	50代	60代	70代	80歳以上
2013	83.7%	72.1%	53.9%	33.4%	11.0%	3.7%	1.6%
2014	88.9%	79.0%	64.6%	42.5%	16.2%	5.3%	1.2%
2015	92.9%	86.2%	74.8%	56.9%	28.4%	9.2%	1.9%
2016	94.2%	90.4%	79.9%	66.0%	33.4%	13.1%	3.3%
2017	94.5%	91.7%	85.5%	72.7%	44.6%	18.8%	6.1%

✗ 新しく挿入した表にそのままデータを入力して終わり、ではダメ

年	20代	30代	40代	50代	60代	70代	80歳以上
2013	83.7%	72.1%	53.9%	33.4%	11.0%	3.7%	1.6%
2014	88.9%	79.0%	64.6%	42.5%	16.2%	5.3%	1.2%
2015	92.9%	86.2%	74.8%	56.9%	28.4%	9.2%	1.9%
2016	94.2%	90.4%	79.9%	66.0%	33.4%	13.1%	3.3%
2017	94.5%	91.7%	85.5%	72.7%	44.6%	18.8%	6.1%

✗ 「表のスタイル」のデザインを使って安心していては、見やすくならない

ポイント2 窮屈な表にしてはいけない

年	20代	30代	40代	50代	60代	70代	80歳以上
2013	83.7%	72.1%	53.9%	33.4%	11.0%	3.7%	1.6%
2014	88.9%	79.0%	64.6%	42.5%	16.2%	5.3%	1.2%
2015	92.9%	86.2%	74.8%	56.9%	28.4%	9.2%	1.9%
2016	94.2%	90.4%	79.9%	66.0%	33.4%	13.1%	3.3%
2017	94.5%	91.7%	85.5%	72.7%	44.6%	18.8%	6.1%

✗ 格子状の罫線と列ごとに変わるセル幅は、ゆとりのない窮屈な表に見える

年	20代	30代	40代	50代	60代	70代	80歳以上
2013	83.7%	72.1%	53.9%	33.4%	11.0%	3.7%	1.6%
2014	88.9%	79.0%	64.6%	42.5%	16.2%	5.3%	1.2%
2015	92.9%	86.2%	74.8%	56.9%	28.4%	9.2%	1.9%
2016	94.2%	90.4%	79.9%	66.0%	33.4%	13.1%	3.3%
2017	94.5%	91.7%	85.5%	72.7%	44.6%	18.8%	6.1%

✗ 文字サイズを大きくしても十分な余白がないと、狭くて見づらい表になってしまう

ポイント3 装飾しすぎてはいけない

年	20代	30代	40代	50代	60代	70代	80歳以上
2013	83.7%	72.1%	53.9%	33.4%	11.0%	3.7%	1.6%
2014	88.9%	79.0%	64.6%	42.5%	16.2%	5.3%	1.2%
2015	92.9%	86.2%	74.8%	56.9%	28.4%	9.2%	1.9%
2016	94.2%	90.4%	79.9%	66.0%	33.4%	13.1%	3.3%
2017	94.5%	91.7%	85.5%	72.7%	44.6%	18.8%	6.1%

✗ すべての行列に色を付けると、重くて読めない。「薄い色&1行おき」が基本だ

年	20代	30代	40代	50代	60代	70代	80歳以上
2013	83.7%	72.1%	53.9%	33.4%	11.0%	3.7%	1.6%
2014	88.9%	79.0%	64.6%	42.5%	16.2%	5.3%	1.2%
2015	92.9%	86.2%	74.8%	56.9%	28.4%	9.2%	1.9%
2016	94.2%	90.4%	79.9%	66.0%	33.4%	13.1%	3.3%
2017	94.5%	91.7%	85.5%	72.7%	44.6%	18.8%	6.1%

✗ 見出し行と列の両方を塗りつぶすと、バランスが不安定で格好が悪くなる

限られた表現方法だからこそ
チョッとしたことに気をつけよう！

パターン1　引き算した罫線で美しく見せる

国名	2018年	2017年	2016年	2015年	2014年
中国	8,380,100	7,355,818	6,373,564	4,993,689	2,409,158
韓国	7,539,000	7,140,438	5,090,302	4,002,095	2,755,313
台湾	4,757,300	4,564,053	4,167,512	3,677,075	2,829,821
香港	2,207,900	2,231,568	1,839,193	1,524,292	925,975
タイ	1,132,100	987,211	901,525	796,731	657,570
シンガポール	437,300	404,132	361,807	308,783	227,962

▲ 見出しと最終行に太い横罫線を引いた。縦と内訳には罫線を引かずにスッキリ見せている

国名	2018年	2017年	2016年	2015年	2014年
中国	8,380,100	7,355,818	6,373,564	4,993,689	2,409,158
韓国	7,539,000	7,140,438	5,090,302	4,002,095	2,755,313
台湾	4,757,300	4,564,053	4,167,512	3,677,075	2,829,821
香港	2,207,900	2,231,568	1,839,193	1,524,292	925,975
タイ	1,132,100	987,211	901,525	796,731	657,570
シンガポール	437,300	404,132	361,807	308,783	227,962

▲ 見出しと最終行は実線を、内訳行は粗い点線を引いた。点線なのでまったく重く感じない

国名	2018年	2017年	2016年	2015年	2014年
中国	8,380,100	7,355,818	6,373,564	4,993,689	2,409,158
韓国	7,539,000	7,140,438	5,090,302	4,002,095	2,755,313
台湾	4,757,300	4,564,053	4,167,512	3,677,075	2,829,821
香港	2,207,900	2,231,568	1,839,193	1,524,292	925,975
タイ	1,132,100	987,211	901,525	796,731	657,570
シンガポール	437,300	404,132	361,807	308,783	227,962

▲ 実線の横罫線のみを使用。線はグレーなので、全行に線を引いても黒っぽくならない

国名	2018年	2017年	2016年	2015年	2014年
中国	8,380,100	7,355,818	6,373,564	4,993,689	2,409,158
韓国	7,539,000	7,140,438	5,090,302	4,002,095	2,755,313
台湾	4,757,300	4,564,053	4,167,512	3,677,075	2,829,821
香港	2,207,900	2,231,568	1,839,193	1,524,292	925,975
タイ	1,132,100	987,211	901,525	796,731	657,570
シンガポール	437,300	404,132	361,807	308,783	227,962

▲ 項目間に罫線のない空白列を入れた。罫線の区切りで1つひとつのデータが識別できる

パターン2　色みを加えて、見栄えをアップする

順位	都道府県	収穫量(t)	前年産との比較 対差(t)	前年産との比較 対比	作付面積(ha)	10a当たり収量(kg)
1	新潟県	627,600	15,900	103%	118,200	531
2	北海道	514,800	△67,000	88%	104,000	495
3	秋田県	491,100	△7,700	98%	87,700	560
4	山形県	374,100	△11,600	97%	64,500	580
5	宮城県	371,400	16,700	105%	67,400	551
6	福島県	364,100	12,700	104%	64,900	561
7	茨城県	358,400	900	100%	68,400	524
8	栃木県	321,800	28,000	110%	58,500	550
9	千葉県	301,400	1,700	101%	55,600	542
10	岩手県	273,100	7,700	103%	50,300	543

▲ 見出しに軽く色を付けてウエイトを出し、見出しと最終行には実線を引いた

順位	都道府県	収穫量(t)	前年産との比較 対差(t)	前年産との比較 対比	作付面積(ha)	10a当たり収量(kg)
1	新潟県	627,600	15,900	103%	118,200	531
2	北海道	514,800	△67,000	88%	104,000	495
3	秋田県	491,100	△7,700	98%	87,700	560
4	山形県	374,100	△11,600	97%	64,500	580
5	宮城県	371,400	16,700	105%	67,400	551
6	福島県	364,100	12,700	104%	64,900	561
7	茨城県	358,400	900	100%	68,400	524
8	栃木県	321,800	28,000	110%	58,500	550
9	千葉県	301,400	1,700	101%	55,600	542
10	岩手県	273,100	7,700	103%	50,300	543

▲ 見出しを塗りつぶし文字を白抜きにして隔行で薄い色を付けた。罫線は一切使わず

順位	都道府県	収穫量(t)	前年産との比較 対差(t)	前年産との比較 対比	作付面積(ha)	10a当たり収量(kg)
1	新潟県	627,600	15,900	103%	118,200	531
2	北海道	514,800	△67,000	88%	104,000	495
3	秋田県	491,100	△7,700	98%	87,700	560
4	山形県	374,100	△11,600	97%	64,500	★ 580
5	宮城県	371,400	16,700	105%	67,400	551
6	福島県	364,100	12,700	104%	64,900	561
7	茨城県	358,400	900	100%	68,400	524
8	栃木県	321,800	28,000	110%	58,500	550
9	千葉県	301,400	1,700	101%	55,600	542
10	岩手県	273,100	7,700	103%	50,300	543

▲ 特定のデータに注目させるなら、色ベタの白抜き文字にするのが適当だ

順位	都道府県	収穫量(t)	前年産との比較 対差(t)	前年産との比較 対比	作付面積(ha)	10a当たり収量(kg)
1	新潟県	627,600	15,900	103%	118,200	531
2	北海道	514,800	△67,000	88%	104,000	495
3	秋田県	491,100	△7,700	98%	87,700	560
4	山形県	374,100	△11,600	97%	64,500	580
5	宮城県	371,400	16,700	105%	67,400	551
6	福島県	364,100	12,700	104%	64,900	561
7	茨城県	358,400	900	100%	68,400	524
8	栃木県	321,800	28,000	110%	58,500	550
9	千葉県	301,400	1,700	101%	55,600	542
10	岩手県	273,100	7,700	103%	50,300	543

▲ すべてのセルに色を付けた。白い罫線を格子状に引いて圧迫感を軽減している

パターン3 文字サイズや余白で見やすくする

選べる英会話コース

名称	内容	授業時間	週回数	期間	授業料(税込)
ビジネスコース	ビジネスシーンで通用する英語力を身につける	50分	週1回	12ヶ月	123,120
トラベルコース	旅行先でよく使うフレーズを身につける	50分	週2回	6ヶ月	106,272
留学準備コース	渡航準備に合わせて語学の基礎を身につける	50分	週2回	4ヶ月	56,160

⚠ 標準設定のままだと、情報量によってはスカスカ感が大きくなってしまうことがある

○ 行の高さを「1.78cm→2.5cm」に広げるだけで、ゆとりが出て一気に読みやすくなる

○ 「授業料」のセルの右余白を「0.25cm→0.5cm」にして、数値の右寄り感を解消した

選べる英会話コース

名称	内容	授業時間	週回数	期間	授業料(税込)
ビジネスコース	ビジネスシーンで通用する英語力を身につける	50分	週1回	12ヶ月	123,120
トラベルコース	旅行先でよく使うフレーズを身につける	50分	週2回	6ヶ月	106,272
留学準備コース	渡航準備に合わせて語学の基礎を身につける	50分	週2回	4ヶ月	56,160

○「游ゴシック+Segoe UI」→「メイリオ」にフォントを変えると、スライドの視認性がより高まる

ちょっと ひと休み

表を見やすくするポイントは、「罫線」「色」「余白」の3つ！

> 罫線は少ないほど、きれいに見えるよ！

> 余計な情報が目に入らなくなるからね

> 隔行で色を付けると、データを目で追いやすくなるんだ！

> 薄い色を使うようにしよう

> セル内部の余白を広げれば、数値が読みやすくなる！

> 強調したいデータの太さや色を変えて、強調してみよう

- 欧文フォント「Verdana」に変更した
- 「50代」以外のデータをグレーにして、文字サイズを下げた
- 「50代」の「%」の文字サイズを小さくした

文書の種類
チラシ

有機野菜の宅配チラシ。
「安全」「健康」を
感じるのはどっち？

A

B

黄色と緑、どちらの野菜を買いたくなりますか？

A 15

> Q 15 の答え **B**

NG の理由

- ✗ 派手で軽い感じが強く伝わってくる
- ✗ 野菜の写真から食欲や安心感が伝わってこない
- ✗ 黄色と赤の配色が、「安売り」をイメージする

A

Good の理由

- ○ 緑色が「自然」「生命力」をイメージさせる
- ○ 野菜の写真が新鮮に感じられて、購買意欲をそそる
- ○ 白抜き文字で統一した本文に安定感がある

B

キーワード：配色

色が持つイメージを理解してメッセージを引き立てる配色をしよう！

● メッセージが効果的に伝わる色を選ぼう！

色の構成を考える配色は、一見、個人的なセンスで行われるように見えますが、実際はメッセージに合う色を選ぶ理由を見つける作業です。赤は情熱的で活力を感じ、青は清涼感や冷静さを感じます。例えば、天然素材やアウトドア商品を訴えたいなら、「自然」「安らぎ」が想起できる緑が効果的です。このように色が持つイメージを理解しておくと、メッセージが引き立つ色が見つかるようになります。

黄のイメージ	赤のイメージ
Discount Sale	Amazing price
＋明朗・躍動 ↔ －軽率・情緒不安	＋情熱・活動的 ↔ －危険・派手

緑のイメージ	青のイメージ
Nature tour	Anniversary
＋さわやか・平和 ↔ －未熟・平凡	＋清潔・冷静 ↔ －冷たい・寒い

配色のポイント
1. 使う色数は3色以内に抑える
2. 同系色でまとめて濃淡で差異を付ける
3. 強調したい箇所にだけ濃い色を使う

色選びのポイント
1. コーポレートカラーや商品カラーを使う
2. 資料内容を想起・鼓舞させる色を使う
3. 前向きな気持ちを引き出すなら、暖色系を選ぶ
4. 論理的思考に訴求するなら、寒色系を選ぶ

121

PowerPoint のトリセツ：色の選択

配色機能で手っ取り早く色を決めよう！
決まった色があるなら自分で指定しよう。

どんな配色にするかは悩みどころです。「**配色**」機能を使うと色の選択に迷うことがなくなり、［色の設定］ダイアログボックスでは特定色を選んだり指定できます。

配色パターンで色を決める

あらかじめ色の組み合わせが決まっている「配色」を適用すると、文字色や図形の塗りつぶしの色パレットが対応する配色に変わるので、大きな配色ミスを防ぐことができます。

▲ ❶［デザイン］タブの「バリエーション」にある▼をクリック

▲ ❷［配色］から希望の配色パターンを選択
　❸以降、塗りつぶし等の色パレットの表示情報が変わる

※配色の初期値は、［Office］が選択されています。
※デザインの「テーマ」を選ぶと、セットになっている配色が自動的に決まります。

[色の設定]ダイアログボックスで色を決める

特定の色を指定するときは、[色の設定]ダイアログボックスを使います。ここでは用意されている中から色を選んだり、RGBカラーでオリジナル色を指定することができます。
同ダイアログボックスを表示するには、いくつかの方法があります。

蜂の巣状の色パレットは、白を中心に上方に寒色系、下方に暖色系、左右に中性色が配置されています。

白と黒と中間色のグレーを合わせた17色が選べます。

段階的な変化を表した色が用意されています。現在選択中の図形等の色が確認できます。

縦型スライスバーで色の調子（トーン）を変えることができます。

RGB（画面の色）の番号等を使って、特定の色を指定することができます。

テーマに合う色を見つけて
正しく効果的な配色をしよう！

 1つの色でまとめる

▲ 元気・楽しさを強くイメージできるように明るい青色を使った

▲ メッセージに合わせ、食欲をそそる暖色系1色を使った

 2つの色でまとめる

▲ 赤や黄色は気分が高揚する色なので、にぎやかさが伝わる

▲ 明るい緑色は、新鮮さやみずみずしさを伝えることができる

 引き立てる色同士（補色）を使う

▲ 黄色の要素と青の背景が補色となり、とても鮮やかに見える

▲ 赤いリンゴと緑の背景が補色となり、互いを引き立てている

デザインパターン集

 色の明るさ（明度）に差をつける

✗ 明度が近い色をくっつけて使うと、要素が見えにくくなる

○ 明度の差が大きいと、要素の境界がハッキリして見やすくなる

 色の鮮やかさ（彩度）に差をつける

✗ 彩度が強いもの同士をくっつけて使うと、目立たなくなる

○ 彩度の差が大きいと、要素の存在が目立って見やすくなる

 色み（色相）かトーン（色の調子）を合わせる

▲ 色相が近い色を使うと、トーンに大きな差があってもまとまり感が出る

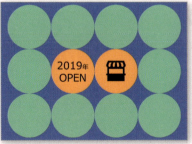

▲ トーンが似ていると、色相が違っても統一感が出てまとまった感じになる（ペールトーン）

125

○○で困ったときは？

イイ感じの色を作れなくて困ったときは？

どうしても「色が選べない」ときは、用意されている色パレットから選ぶようにしましょう。その際、色パレットの縦1列だけ使うか、2、3列の組み合わせで色を選ぶと、配色がまとまりやすくなります。

① 縦1列だけを使う

同じ色み（色相）で、色の明るさ（明度）と色の鮮やかさ（彩度）を変えた配色です。全体の統一感が出やすく、色が持っているイメージを最も伝えやすい配色です。

青色がある縦一列からのみ色を選ぶ

▲ 色相が同じなので、色が持つイメージがしっかり伝わる

② 2、3列の組み合わせで選ぶ

似ている色み（色相）同士を組み合わせる配色です。同じ色の調子（トーン）なので馴染みがよく、しかも少し変化も見せることができます。まとまりが出る配色です。

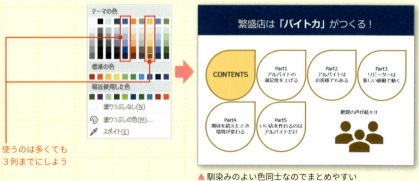

使うのは多くても3列までにしよう

▲ 馴染みのよい色同士なのでまとめやすい

③ 性質が違う補色を選ぶ

補色となる2色の配色です。お互いを引き立てる相乗効果があり、ハッキリとしたコントラストが作れます。蜂の巣状の色パレットの反対位置にある色を使います。

補色は反対位置にある

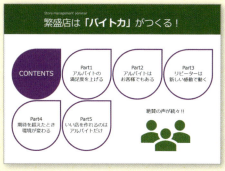

▲補色は性質が最も異なる色。互いに引き立てて鮮やかに見える

色のイメージ

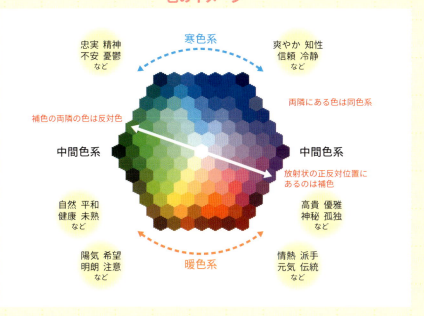

色に関する用語を覚えておこう！

色が持つ性質を理解した上で正しく使えば、説得力のある効果的なメッセージが作れるようになります。
以下に、覚えておきたい用語をいくつかまとめておきます。

❶ 色相環

色相に順序をつけて、その変化を円周上に配置したものです。個々の色みの位置と段階的に変化していく様子がわかります。

❷ 補色（反対色）

色相環で正反対位置にある色のことです。隣同士に並べると互いに引き立て合って鮮やかに見えます。補色の隣にある色を反対色と呼びます。

❸ トーン

明度と彩度の組み合わせで作られる色の調子のことです。ビビッド（鮮やかな）、ペール（淡い）、パステル（淡く明るい）など多くのグループがあります。

❹ コントラスト

色の対比のこと。コントラストを高くすると、明度差が生じて色の違いがハッキリするので、メリハリがつきます。

❺ グラデーション

色を段階的に変化させて動きを表現する方法です。配色がなめらかになって、動きやリズム感が生まれます。

❻ RGB

パソコンで色を表現する方法の1つです。R（赤）・G（緑）・B（青）を組み合わせて色を作ります。赤は（255, 0, 0）、緑は（0, 255, 0）、青は（0, 0, 255）、白は（255, 255, 255）、黒は（0, 0, 0）で表されます。

クイズ E

レイアウトの基礎に関する文章です。空欄を埋める言葉の記号を下にあるリストから選んでください。

デザインの要素を配置する考え方に（ ① ）をつくり、わかりやすく読みやすく表現する作業が（ ② ）です。

どこに何を置くかで迷ったときは、関係性の強い要素を（ ③ ）に配置し、弱い要素を（ ④ ）に配置すると、互いの関係性がハッキリします。

垂直・平行に置かれた要素は、少しのズレもなく（ ⑤ ）させると整理感が出て、美しい仕上がりになります。

文章は、見出しと本文に（ ⑥ ）の差をつけると、それぞれの役割がハッキリしてデザインにメリハリがつきます。

デザインに統一感を出したいときは、要素を（ ⑦ ）させることです。色やカタチ、フォントなどの視覚的要素を繰り返すと、デザインにまとまりが生まれます。

- ア：例外
- イ：近く
- ウ：ルール
- エ：遠く
- オ：レイアウト
- カ：強弱
- キ：並べ替え
- ク：サムネイル
- ケ：整列
- コ：反復
- サ：濃淡

クイズ E の答え

①：ウ　②：オ　③：イ　④：エ
⑤：ケ　⑥：カ　⑦：コ

レイアウトの 4 つの原則を覚えておこう！

レイアウトとは、デザインの目的をハッキリさせた上で、文章や図版をどこに配置するかを考える作業です。レイアウトの基本中の基本に「近接・整列・強弱・反復」があります。

❶ 近接

関係性が強いものは近くに置き、関係性が弱いものは離します。近い要素は 1 つのグループとして認識されますので、読み手の混乱を減らし、スムーズに理解できるようになります。

❷ 整列

文章の開始位置を揃えたり、図形の高さや水平位置、間隔を揃えるといった意図的な整列です。情報が整理整頓されて、デザインが明快になり洗練されていきます。

❸ 強弱

要素が"同じ"でないならば、ハッキリと差異をつけるようにしましょう。見出しと本文、アイキャッチとリード文のように、それぞれの役割を明確にしてメリハリの効いた魅力的なデザインにします。

❹ 反復

要素の色やカタチ、サイズや線の太さ、フォントなどの視覚的要素を、全体を通して反復する（繰り返す）ことです。この反復により、デザインにまとまりや統一感が生まれます。

クイズ **F**

配色を考える上で知っておきたい
色の3属性について説明した文章です。
それぞれの属性の説明と図解を
正しく組み合わせてください。

ア 彩度　**イ** 色相　**ウ** 明度

A 色の明るさの度合いのこと。
一番高いのが白、低いのが黒になる。高いほど明るく、軽い印象になる。

B 色の鮮やかさの度合いのこと。
高いものほど鮮やかで目を引くようになり、低いものは濁った暗い色になる。

C 赤、青、黄色といった色みのこと。
大きく暖色系、寒色系、中間色に分かれ、イメージの違いを表現できる。

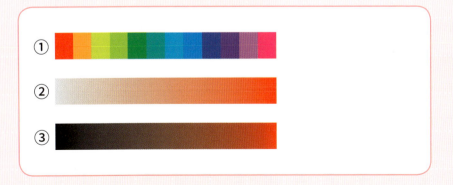

> クイズFの答え
> ア － B － ② 　　 イ － C － ① 　　 ウ － A － ③

同じ色でも、隣接する色によって見え方が変わる

色にはいろいろな特性があります。同じ色を使っていても、隣接する色によって色相が変化して見えます。

また、明度が異なる色を並べると、明るい色はさらに明るく、暗い色はより暗く見えます。彩度が異なる色を並べても、同様のことが言えます。

◀同じオレンジの画像でも、背景が赤の左図は黄を帯びた画像に見えて、背景が黄色の右図は赤みが強くなる（色相対比）

◀明度の違う色を同時に見ると、明度の高い左図はより明るく、明度の低い右図はより暗く見える（明度対比）

◀彩度の高い色の左図はより鮮やかに、低い色の右図はよりすんで暗く見える（彩度対比）

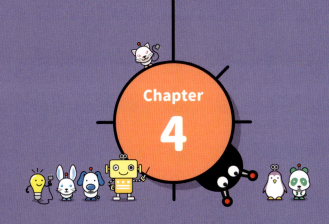

Chapter 4

写真やグラフを入れて
デザインしよう！

写真を入れるだけで、多くの情報が一瞬にして伝わります。数値だけではわからなかった傾向や特徴は、グラフにするとパッと見えるようになります。いずれも「早く」「直感的に」情報を伝えるための大切なデザイン要素です。しかし、「写真を入れる」「グラフに表す」だけでメッセージが濃くなるわけではありません。正しく理解してもらうには、それぞれが効果的に見えるようにする工夫は欠かせません。

写真の選び方
角版／裁ち落とし／トリミング
切り抜き
グラフ
図解

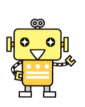

画像の挿入
トリミング
背景の削除
グラフの挿入
SmartArt

文書の種類
チラシ

カフェ開店のお知らせチラシ。行ってみたくなるのはどっち？

A

B

　お店の雰囲気が感じられる情報があるのはどちらでしょうか。

Q 16 の答え　B

NG の理由

× 写真の扱いが大きく、コーヒーの存在が強調されている

× しかし、それ以外の店の情報が伝わってこない

× 商品の特徴や店の雰囲気が共感できない

A

Good の理由

○ 3つの写真から多くの情報が想像できる

○ 店内の写真が入店した姿をイメージできる

○ 文章と写真がマッチし、店の特徴が明確になっている

B

キーワード：写真の選び方

デザイン
のルール

多くの情報を一瞬で伝える写真は、選び方と見せ方に気をつけよう！

❶ 読み手の視覚に訴えたいなら写真に語らせよう！

目の前に美味しそうなイチゴがあるとします。「大きくて甘くて新鮮で…」と、いくら言葉を並べても実際を伝えることはできませんが、1枚の**写真**を見せれば、カタチや色のほか、鮮度や味、香りのイメージさえ想像させることができます。

写真は読み手の視覚に訴えるため、多くの情報を一瞬で伝えられます。その分、写真の選び方と見せ方に注意しましょう。

▲味やメニューを訴求したい場合には、五感に響く実際の料理の写真で誘い込むのが妥当だ

❷ 写真による伝わり方の違いに気をつけよう！

写真には、商品や人物などの事実を見せる役割と、言葉では表しにくいイメージを伝える役割があります。作る資料によって、使う写真の役割を決めましょう。

商品をアピールしたいときは、主役が目立つ構図の写真を使います。逆に、イメージを伝えたいのに実物しかないときは、イメージカットを探しましょう。

▲居心地のよさを訴求したい場合には、ゆとりや落ち着きが感じられる写真を使う

PowerPoint のトリセツ：画像の挿入

写真は簡単に挿入できる。ビジュアルのデザインは、いろいろな写真で何度も挑戦してみよう！

保存してある画像やオンライン上の画像は、以下の手順でスライドに挿入します。挿入後は、[図ツール] のコマンドを使って、さまざまな変更と加工が可能です。

操作1　保存されている画像を挿入する

▲❶[挿入]タブの「画像」にある[画像]をクリック

▲❷[図の挿入]ダイアログボックスで挿入する画像ファイルを選択 ➡ ❸[挿入]をクリック

▲❹[画像ファイルが挿入される

※複数の画像を挿入する場合は、操作❸のときに Ctrl キーを押しながら画像を選択します。

※**操作2**の❷で複数のキーワードを指定する場合は、スペースで区切ってキーワードを入力します。

※オンラインの画像ファイルは、利用規約のルールを守って使うようにしましょう。

操作2　オンライン上の画像を挿入する

▲❶[挿入]タブの「画像」にある[オンライン画像]をクリック

▲❷[画像の挿入]ウィンドウの検索ボックスに関連キーワードを入力 ➡ ❸ Enter キーを押す

▲❹検索された画像が表示されるので、目的の画像を選択 ➡ ❺[挿入]をクリックする

▲❻ファイルがダウンロードされ、画像が挿入される

操作3 スライドの背景に写真を敷く

◀ ❶ [デザイン]タブの「ユーザー設定」にある[背景の書式設定]をクリック

◀ ❷ [背景の書式設定]ウィンドウが表示される
❸ [塗りつぶし(図またはテクスチャ)]をクリック
❹ [ファイル]などをクリック

◀ ❺ 手順に従って目的の画像を挿入すると、スライドの背景に画像が挿入される

※画像を薄くして「透かし」のようにしたい場合は、「透明度」バーのつまみを右へドラッグして比率を調整します。
※設定した背景を元に戻したい場合は、[背景のリセット]をクリックします。

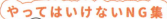
やってはいけないNG集

複雑な変更や加工は控えて、
写真が持つ魅力を引き出そう！

ポイント1 間違った写真を使ってはいけない

 伝えたいのは「技術」。ありきたりな写真や軽い色とフォントは、安っぽい印象を与えてしまう…

 スキルを感じる写真だと、内容と重ねて訴求力が生まれる。青色は誠実さを感じさせる！

ポイント2 写真の魅力を損ねてはいけない

 食べ物が青みを帯びていると、おいしそうに見えない。文字はハレーション（周辺が白くぼやけて不鮮明になること）を起こしている…

 赤みを加えて写真の色を補正した。文字も黄色と白抜きにしたことでアクセントが出た！

ポイント3 文字を加工しすぎてはいけない

✗ 読みにくい文字の箇所を影などで加工すると、デザインが崩れてしまう…

◯ 最初に考えるのは太い文字を使うこと。文字がつぶれなければ案外読めるもの！

ポイント4 写真が見えなくてはダメ

△ 安易に文字の背景に色を敷くのは要注意。見えない写真ほど興ざめなものはない…

◯ 白やグレーで透明度を確保すると、写真の余韻を残しつつ文字が読める！

ポイント5 主役が見つからなくてはダメ

✗ どこを見ていいのかわからなくてはダメ。主役がわからないと、肝心のメッセージが届かない…

◯ 主役に焦点を当てるか、説明カットやキャプションを追加すると、情報が伝わりやすくなる！

ちょっと ひと休み

シャッターが切り取る説得力

写真の最大の特長は、事実や実物をありのままに伝えること。商品や店の陳列状況、繁華街の人並みなど、シャッターが切り取った情報を説明の根拠とするほど、説得力の高いものはありません。写真を上手に扱えば、文字だけでは伝えられないニュアンスを、短時間で狙い通りのイメージにして伝えることができます。

そのものズバリの写真は、誰が見てもわかるネ！

実態や雰囲気、感情などを伝えられるんだ

ファイルサイズを小さくする

写真のサイズや色、トリミングといった変更を加えても、Ctrl + Z キーで「元に戻る」ように原本の画像は残っています。
この隠れているデータを削除すれば、ファイルサイズが小さくなります。完成した時点で「図の圧縮」をして、扱いやすいファイルサイズにしておくといいでしょう。

写真を圧縮して保存すると
ファイルサイズが小さくなるよ！

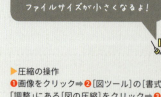
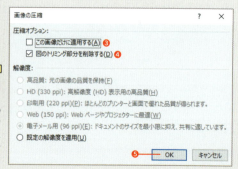

▶圧縮の操作
❶画像をクリック➡❷[図ツール]の[書式]タブの[調整]にある[図の圧縮]をクリック➡❸[圧縮オプション]の[この画像だけに適用する]をオフにする➡❹[図のトリミング部分を削除する]をオンにする➡❺[OK]をクリック

文書の種類
チラシ

Q17

レベル ★★

フラワーパークのチラシ。
デザインがまとまって
見えるのはどっち？

A

B

写真と文字のレイアウトバランスがいいと感じるのは？

A 17

> Q 17 の答え **A**

Good の理由

- 被写体と文字の位置が適切で、読みやすい
- 主役が明確で、美しさが伝わってくる
- 上から順に流れに沿って、必要な情報が入ってくる

A

NG の理由

- 写真の構図に余白がないので、やたらと窮屈に感じる
- 文字と被写体が重なり、素材のよさが活きていない
- スペースを埋めたアイコンが、意味もなく邪魔だ

B

キーワード：角版／裁ち落とし／トリミング

目的に合ったビジュアルにしたいときは、写真の見せ方を変えてみよう！

❶ 安定感を出すなら角版、創造力を刺激するなら裁ち落とし！

写真の配置は、四隅を版面内に置く「角版」で扱うのが一般的です。角版は収まりがよく安定感があるため、落ち着きのある印象を与えます。
一方、紙面からはみ出すように余白を取らずに配置するのが「裁ち落とし」です。裁ち落としは紙面外に写真の続きがあるように感じられ、空間的な広がりを生みます。迫力を出したいときや、読み手の想像力を刺激させたいときに効果的です。

▲角版はオーソドックスだが、強い安定感が生まれる

▲外に広がる裁ち落としは、イメージが膨らんでいく

❷ トリミングは不要な部分をカットして、主役にフォーカスする！

写真の天地や左右の端を削除して、見せたい箇所を強調するのが「トリミング」です。トリミングすると、不要な部分を削除して狙い通りの構図として成形したり、一部をフォーカスした大きな構図に作り直すことができます。

▲トリミングは、不要な情報をカットして主役を明確にする

145

PowerPoint のトリセツ：トリミング

写真の見せ方で印象が一気に変わる。
トリミングの操作はぜひ覚えておきたい！

トリミングは図版の加工作業です。挿入した写真等を選択して、[図] ツールにある [トリミング] というコマンドを実行します。見え隠れする写真の位置を上手く調整しましょう。

操作1 写真をトリミングする

◀ ❶写真をクリック
　❷[図ツール]の[書式]タブの「サイズ」にある[トリミング] をクリック

◀ ❸写真の辺と四隅に黒いトリミングハンドルが表示される
　❹トリミングハンドルまたは写真をドラッグして、残したい箇所を枠の中に収める

※操作❹のとき、 Ctrl キーを押しながら辺（四隅）をドラッグすると、2辺(4辺)を均等にトリミングできます。

◀ ❺ Esc キーでトリミング処理を決定する
　❻枠内だけがくり抜かれた写真が表示される

写真を角版にすると落ち着きは出ますが、面白みに欠けます。写真を丸くトリミングする「**丸版**」は柔らかい印象になり、ズームアップで見せることにも適しています。変化を出したいときは、他の図形のトリミングに挑戦してみるといいでしょう。

いろいろな図形にトリミングする

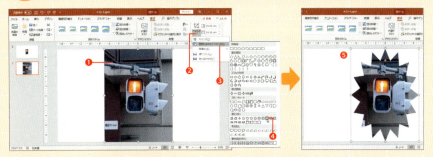

▲ ❶写真をクリック ➡ ❷[図ツール]の[書式]タブの「サイズ」にある[トリミング]の・をクリック ➡ ❸[図形に合わせてトリミング]を選択 ➡ ❹目的の図形を選択 ➡ ❺以降、トリミング処理を行う

写真で塗りつぶした図形をトリミングする

◀ ❶目的の図形を挿入する
❷図形を該当写真で塗りつぶす
（[塗りつぶし（図またはテクスチャ）]をオン ➡ [ファイル]をクリック ➡ 以降、画像を選択して挿入する）

◀ ❸以降、トリミング処理を行う

※変形してつぶれた図形は、トリミングメニューの[塗りつぶし]を選択すると、元図の縦横比を維持した状態でサイズが変更できます。

デザインパターン集

写真を丁寧にあしらって、被写体のいろいろな表情を引き出そう！

パターン1 裁ち落としで奥行きと広がりを見せる

▲四方裁ち落としは、奥行きと迫力を感じさせる

▲三辺裁ち落としは、余白に情報を配置できる

▲構図によって、左右に寄せて裁ち落としする

▲余白をギリギリまで削って、強い印象を与える

パターン2 角版で整然とした安定感をつくる

▲角版とシンメトリーで安定感抜群のレイアウトに

▲グリッドを使用して整理感あふれる印象に

148　Chapter 4　写真やグラフを入れてデザインしよう！

パターン 3 変化のある見た目に仕上げる

▲ 角度のある図形を並べて、少し変化のある見せ方をする

▲ 大きさと位置に差をつけた丸版を並べて、リズミカルに見せる

▲ 裁ち落としと角版を上手く組み合わせると、その世界観が広がる

▲ 裁ち落としが多いとインパクトが薄れるので、多用は厳禁だ

トリミングは、デザインの狙いをハッキリさせることが目的だよ。

写真が持っている情報の何を伝えるかで、トリミングの範囲は変わるんだ!

パターン4 余白の取り方を変えて印象を操作する

▲視線の先に空間を作ると、「前向き」「未来」を思う印象になる

あした、何して遊ぶ？

▲視線の後ろに空間を作ると、「思い出」「過去」を思う印象になる

昨日はやっちまったよ。

▲「引き」の写真で全体を見せると、空間が広がって抜け感ができる

走れ！そこまで。

▲一点にフォーカスして主役を強調すると、コピーが生きてくる

食らいついてやるワン！

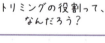

トリミングの役割って、なんだろう？

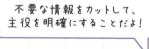

不要な情報をカットして、主役を明確にすることだよ！

文書の種類　資料

色鉛筆画講座を紹介する表紙ページ。特徴が強調されているのはどっち？

Q18

A

B

 写真の扱い方がポイント。主役がキリッと引き立つ見せ方はどっち？

A 18

Q 18 の答え　A

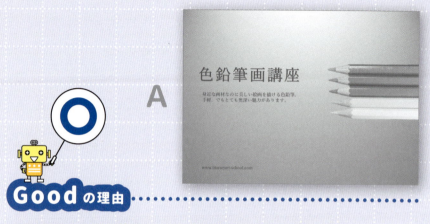

Good の理由

- 切り抜き写真を使うことで、色鉛筆のカタチが映える
- 主役の色鉛筆が際立ち、象徴的に見える
- 写真の周辺にある余白がゆとりを感じさせる

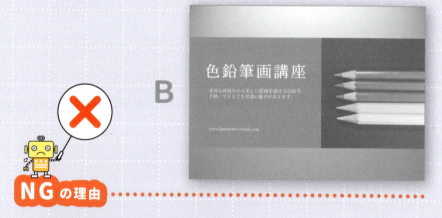

NG の理由

- 角版写真のビジュアルが単調に感じる
- 平面的な見せ方の写真には驚きがない
- 写真に背景色があるのでタイトルの見せ方に悩む

キーワード：切り抜き

切り抜きで被写体の特長を引き出して、自由なレイアウトを実現しよう！

❶ 写真を切り抜くと、被写体の魅力が伝わってくる！

デザインの要素として重要な写真ですが、ただ置くだけでは唐突な感じがしてメッセージが増幅されません。また、背景に何も映っていない様子に見えても、色付きのスライドの中では不自然に見えることもあります。
そんなときは写真を切り抜いてみましょう。写真の特長を生かして、印象的なビジュアルにセンスアップさせることができます。

写真が背景の色にマッチしていないと、不自然さが目についてしまう…。こんなときはデザインが大変だ

❷ 特徴的なフォルムを披露してにぎやかな印象にする！

トリミングの1つである「切り抜き」は、被写体の輪郭に沿って切り取る方法です。置くだけでは浮いた感じになってしまうこともある写真ですが、背景がなくなると被写体が強調されます。
切り抜いた被写体は曲線が多く不規則なカタチなので、動きや楽しさが出てデザインを演出しやすくなる効果が生まれます。また、レイアウトのスペースがなく、被写体をなるべく大きく見せたいときにも適しています。

被写体と背景に一体感が出て、ビジュアルの収まりがよくなった！

PowerPoint のトリセツ：背景の削除

特別な画像編集ソフトなんて要らない。
リボンの機能だけで写真の切り抜きができる！

写真の切り抜きは［図ツール］のコマンドで行います。被写体の線がハッキリした素材であれば、比較的簡単に切り抜くことができます。ぜひ挑戦してみてください。

操作1　被写体の背景を削除する

▲ ❶写真を選択
　❷［図ツール］の［書式］タブにある「調整」の［背景の削除］をクリック

▲ ❸残る部分は元図が表示され、削除される部分は紫色のマスクがかかる

▲ ❹保持する領域を移動したり、サイズ変更して調整する
　❺［変更を保持］をクリック

※写真の構図や色合いによって、一度の操作ではきれいに背景が削除できないことがあります。
　残したい箇所が削除されるときは［保持する領域としてマーク］をクリック、逆に削除したい箇所が残ってしまうときは［削除する領域としてマーク］をクリックしてから、その場所を指定してください。

▲ ❻切り抜かれた写真が表示される

操作2 背景を透明色にする

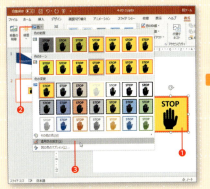

▲ ❹マウスポインタが変わったら、透明にしたい場所でクリック

▲ ❶画像を選択
❷[図ツール]の[書式]タブの「調整」にある[色]をクリック
❸[透明色を指定]を選択

※[透明色を指定]機能は、輪郭がハッキリしているイラストや線がハッキリしている図表に適した機能です。

▲ ❺背景が透明になる

操作3 切り抜いた写真を保存する

▲ ❶画像を右クリック
❷メニューの[図として保存]を選択

▲ ❸保存先とファイル名、ファイル形式は「PNG」を指定する
❹[保存]をクリックすると図が保存される

※切り抜きやすい写真は、コントラストがハッキリしていて、影やグラデーションのようなボヤッとした部分が少ない画像です。

155

デザインパターン集

面白さを出すなら、パパッと切り抜いて写真を自由にレイアウトしよう！

パターン1 輪郭図形を下に敷いてポップな仕上がりに！

▲不要な背景をカットして、主役の被写体の輪郭を切り抜く

▲2つを組み合わせると、被写体の輪郭が強調されて変化が出る！

▲「フリーフォーム」で輪郭に沿ったざっくりした図形を作る

▲切り抜きの数を増やすほど動きが出て、にぎやかな印象になる！

パターン2 別写真と組み合わせてコラージュ風の作品に！

▲まずはメッセージに効果的と思われる写真を選ぶことが大事！

▲何を組み合わせれば、メッセージが強調されるかを考えよう！

▲ギャップがある素材ほど、驚きと面白さを引き出せる！

被写体が持つイメージを印象付ける！

▲角版は収まりがよく整然と見せてくれるが、単調になりがちだ…

▲切り抜きは被写体が際立って目線が留まる。元気で楽しい印象になる！

 図形をプラスしてユニークな見せ方を！

◀基本図形や吹き出しと組み合わせれば、アクセントが加わる！

◀図形の位置と色を工夫するだけで、一気にクリエイティブになる！

ちょっと ひと休み

切り抜きはメリハリを意識しよう！

複数の写真を使うときは、以下の点を意識してレイアウトしましょう。

❶ サイズに大中小の変化をつける
❷ 同じようなサイズを近づけないこと
❸ バランスが悪くならないように配置する

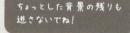

ちょっとした背景の残りも逃さないでね！

切り抜きの境界線をきれいに処理する

拡大すると、背景の削除モレが見つかることも…

✕ 境界線に処理残しがあると、汚く見えてしまう…

安易に影や反射、反転を使わない

▲ 安易に画像反転すると、被写体の雰囲気が変わってしまう…

※ 切り抜きを左右反転させた写真

✕ 過度な影を付けると、見えにくくなって品位が下がる…

✕ 利き手やボタンの位置、洋服の前身頃などが変になることも…

文書の種類 スライド

販促提案のスライド。
根拠となる数字の意味が
伝わるのはどっち？

Q19

A

B

 見た目がいいグラフだが、本当に必要かどうかを考えよう。

A 19

Q 19 の答え　B

NG の理由

- ✗ グラフの変化の程度が弱くて印象に残らない
- ✗ 百万単位の数字を比較するのが煩わしい
- ✗ 3年度分のデータを選ぶ意味がハッキリしない

Good の理由

- ○ とにかく「81%」という数字にインパクトがある
- ○ 文字としての数字がビジュアルとして映える
- ○ 上部にあるコピーから「81%」が減少した数字だとわかる

キーワード：グラフ

1、2個の数字を伝えたいだけなら「グラフは要らない」こともある！

❶「数字があるからグラフに」という安易な発想はやめよう！

説明したい数字があるから「グラフにする」という発想はいけません。グラフを置くスペースが必要ですし、余分な情報が入りがちです。作った割に「わからない」ものになるリスクもあります。本当にグラフが必要かを考えてみましょう。

1、2個の数字を伝えるだけなら、文字としての「数字」で十分。大きく手際よく見せれば、効果的なビジュアルになります。本当に伝えたいのはメッセージ。それがビシッと表現できるときにグラフを作りましょう。

ポンと文字の「数字」を見せるだけで、注目を集めて核心が伝わりやすくなる場合がある

❷ 適切なグラフは、数値情報を整理して視覚的に伝えられる！

数字の大小や変化、傾向を見せたいときは、ビジュアルとしてのグラフが適切です。グラフは情報を視覚化しますので、多くの情報を素早く伝えたいときに役立ちます。プレゼンを主とした資料では、主旨を咀嚼してポイントを絞った簡素なグラフが好まれます。体裁に凝れば凝るほど、余分な情報が取り込まれてしまいます。

数量の変化には面グラフが役立つ。余分な情報を外して、伝えたいことを絞って見せることが大事だ！

PowerPoint のトリセツ：グラフの編集

グラフのデザインは凝りすぎず、伝えたいポイントを絞って編集しよう！

［挿入］タブの「図」にある［グラフ］をクリックして種類を選ぶと、グラフを挿入できます。データシートに数値を入力してから、グラフの編集を始めましょう。

操作1　新しいグラフを作る

▲ ❶［挿入］タブの「図」にある［グラフ］をクリック

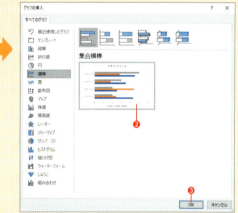

▲ ❷グラフの種類を選択
　❸［OK］をクリック

▲ ❹グラフが挿入される
　❺データシートにはサンプル値が入力されている

▲ ❻正しいデータを入力し直す
　❼即座にグラフに反映される

※サンプル値が入ったデータシートの内容は、Delete キーなどで削除して必要なデータを入力します。
※エクセルのブックやテキストファイルにデータがある場合は、それらをコピーしてデータシートに貼り付けると効率的です。

新しく挿入したグラフは、まだ不完全です。データ系列や1つひとつの要素、周囲に配置する軸や凡例、データラベルなどの見せ方を工夫して、わかりやすいグラフに仕上げていきます。

グラフの右横にあるボタンを使う

グラフの各要素の表示・非表示を切り替えたり、位置を変更するときは、グラフを選択したときに右横に表示される[グラフ要素]ボタンを使うと、素早く実行できて便利です。

▲ ❶グラフエリアをクリック
　❷[グラフ要素]をクリック

▲ ❸[データラベル]をポイント
　❹プレビューで内容を確認して、改めて[データラベル]をクリック

※操作❸のときに表示される▶をクリックすると、下位の項目が選択できます。

場所ごとに変更を加える

グラフの各要素の書式を設定するときは作業ウィンドウを使います。各要素の作業ウィンドウを表示するには、①リボンを使う　②要素をダブルクリックする　③要素を右クリックするなど、いくつかの方法があります。

▲ ❶縦軸をダブルクリック

▲ ❷「軸位置」の[軸を反転する]のチェックをオンにする
　❸項目の順番が反転する

○○で困ったときは？

グラフのどこを直すかわからないときは？

グラフは、挿入した直後の初期設定のまま使わないようにしましょう。見せたい情報をハッキリさせ、余計な情報を外すと、読み手に伝わるグラフになります。

① 初期設定のままでは、グラフの意図が伝わらない…

タイトルを直してみよう
漠然とした表題をやめて、明確な言葉を使うとスッキリします。

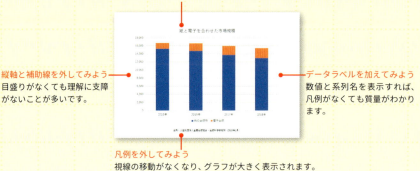

縦軸と補助線を外してみよう
目盛りがなくても理解に支障がないことが多いです。

データラベルを加えてみよう
数値と系列名を表示すれば、凡例がなくても質量がわかります。

凡例を外してみよう
視線の移動がなくなり、グラフが大きく表示されます。

② 最低限の編集でも、伝えたいことがハッキリする。

重複や余分な情報を削ってサッパリさせよう！
❶ 右端の要素だけに系列名を表示して、改行で見やすくアレンジします。
❷ 要素の間隔を広げます。
❸ その他、要素の色やフォントの種類、サイズを変更します。

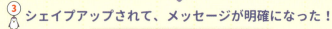

③ シェイプアップされて、メッセージが明確になった！

わかりやすいグラフにするには、「ノイズを消すこと」「誤読されないこと」

パターン1 カタチを曖昧にしない！

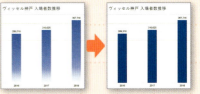

✗ 無用な影を付けると、輪郭がぼやけて見づらくなる…

✗ グラデーションを使うと、カタチに締まりがなくなる…

パターン2 なくてもいい線は消す！

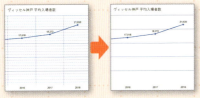

✗ 目盛り線が多いと、気が散って読み取りにくくなる…

✗ グラフを囲む枠線があると、窮屈さを与えてしまう…

パターン3 縦軸ラベルを回転させて使わない！

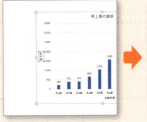
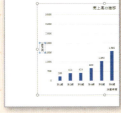
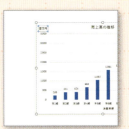

✗ 標準設定の「90度回転」では読みにくく美しくない…

○「縦書き」が読みやすい！

「横書き」で配置を変えれば、プロットエリアを広く使える！

正確さより「すぐわかる」こと。
簡素にして印象的なグラフを作ろう！

パターン1 2〜3文字で果敢に勝負する

▲単位を小さくすると、数字が目立ってみえる

▲スペースがない場所では2段組みが効果的

パターン2 図形でシンプルに魅せる

▲部分円（パイ）やアーチで割合を見せる

▲四角形やL字を並べて大小や比率を表す

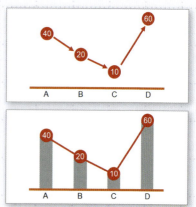

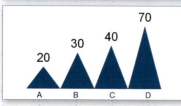

▲矢印ブロックや三角形で棒グラフを表す

▲直線と矢印で順序や時系列の変化を表す

アイコンで印象度を強める

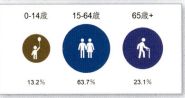

▲ アイコンを10個使ってパーセントを表す　　▲ 塗りつぶす面積の大小で数値を比較する

注目させたい箇所に誘導する

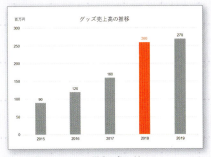
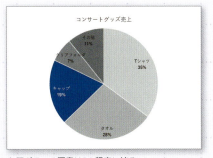

▲ 一番見てもらいたい要素に色を付ける　　▲ 円グラフの要素は5つ程度に絞る

▲ 図形を重ねて、要素に注目させる　　▲ 折れ線の一部を変えて、区別しやすくする

デザインパターン集

パターン5 メリハリのあるグラフにする

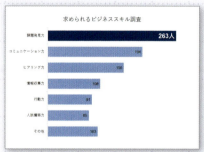

▲数字や文字にアクセントをつける

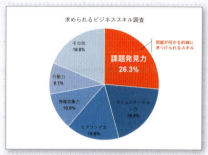

▲伝えたい箇所を、一点に絞って強調する

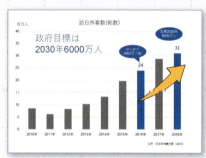

▲色や太さを変えて、ポイントを明確にする

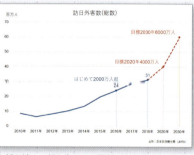

▲折れ線の一部を変えて、区別しやすくする

▲説明用の補助線を加えて、2点間の差を強調する

▲補助線を加えて、期間内の変化を説明する

文書の種類 スライド

Q20 システムの概念を説明するページ。イメージが伝わるのはどっち?

レベル ★★

A

CRMは共有から活用のステージへ

顧客との良好な関係構築を目指すCRMシステムは、ITによる情報のデジタル化時代から、ソーシャルメディアとの連携を深める新しいステージへと移行しています。

顧客との関係性を深めていくためには、あらゆる情報が発信されるソーシャルメディアの情報をモニタリングし、高度に活用することが求められています。

スマホやスマートウォッチなどのウェアラブルデバイスから、いつでも情報が発信できるリアルタイム性に対応し、蓄積したビッグデータを分析・加工して商品開発や販売活動、経営戦略に活かす必要があります。

B

CRMは共有から活用のステージへ

顧客との良好な関係構築を目指すCRMシステムは、ITによる情報のデジタル化時代から、ソーシャルメディアとの連携を深める新しいステージへと移行しています。

顧客との関係性を深めていくためには、あらゆる情報が発信されるソーシャルメディアの情報をモニタリングし、高度に活用することが求められています。

スマホやスマートウォッチなどのウェアラブルデバイスから、いつでも情報が発信できるリアルタイム性に対応し、蓄積したビッグデータを分析・加工して商品開発や販売活動、経営戦略に活かす必要があります。

ヒント　使用した写真が言いたい概念のイメージを伝えているか?

Q 20 の答え　B

NG の理由

× 写真をたくさん使っているが、漠然としている
× 伝えたい主旨が写真から読み取れない
× 写真とキャプションが相互補完できていない

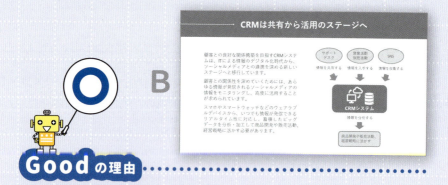

Good の理由

○ 図解による論理の流れが明確だ
○ 伝えたい概念が図解で視覚化できている
○ 読み進めるだけでイメージが想像できる

キーワード：図解

図解は「見せる資料」に欠かせない。複雑にしないでシンプルに描こう！

❶ 情報を図解すると、たくさんのメリットが生まれる！

一見複雑そうに見える事柄も、1つひとつ紐解いていくと、骨格はシンプルなものです。その姿を探して情報を図式化する作業が「**図解**」です。

余分な脂肪が削ぎ落とされてスッキリすることにより、①論理が明確になるので内容が理解しやすくなる　②読み解く時間が短縮されて読み手に好まれる　③図解する過程で作り手の思考が整理される　④ユニバーサル（普遍的）なので誰でも理解できる　といったメリットが生まれます。

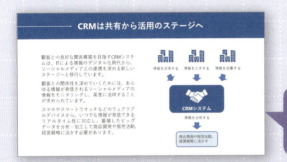

意味のないアイコンや想像しにくいイラストを使うと誤訳される。誰でも簡単にイメージできる絵柄を選ぼう！

❷ 図解を表現するには、簡単な図形でも十分だ！

円や四角形、矢印のような基本図形だけでも、大きさと位置、サイズと種類を考えて使うことで、要素の関係性や大小、変化や位置付けなどが表現できます。

また、サッと使えるのが「**SmartArt**」です。用意されているグラフィックをそのまま使ってもいいのですが、グループ解除をして一部だけ使うようにすると、自由度とオリジナリティーが高まります。

四角形と矢印だけで図解した例。頭の中でていねいに論旨を咀嚼し、齟齬のないように要素を結びつけてみよう！

PowerPoint のトリセツ：図形の結合

自分だけの図解にこだわるなら、「SmartArt」の一部を流用したり、結合機能で自作してみよう！

「SmartArt」のグラフィックは、複数の図形が集まって構成されています。
2回のグループ解除を行うと、それぞれの図形が単独で扱えるようになります。

操作1 「SmartArt」の一部を使う

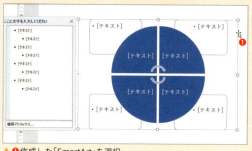

▲ ❶作成した「SmartArt」を選択

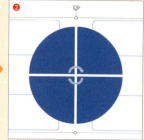

▲ ❷ Ctrl + Shift + G キーを押す

▶ ❸もう一度、 Ctrl + Shift + G キーを押すとグループ解除されて、全要素が選択される

▲ ❹不要な要素を Delete キーで削除して、必要な要素だけ残す

※操作❷のとき、[SmartArtツール]の[デザイン]タブにある「リセット」の[変換]をクリックして、[図形に変換]を選択しても同じ結果になります。

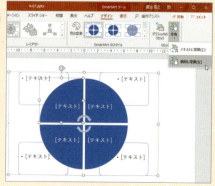

※グループ解除後の図形は、標準の図形とは異なります。例えば、角丸四角形に見えても角丸の変形ハンドルが表示されないものもあるので、同等の図形に変更してから編集するといいでしょう（[描画ツール]の[書式]タブにある「図形の挿入」から[図形の編集]の[図形の変更]を選択）。

図形を**結合**する機能を使うと、標準で用意されているものとは違う図形が作れます。接合して1つのカタチにしたり、重なっている箇所を切り出したりと、オリジナリティーあふれる図形が自作できます。

操作2 オリジナルな図形を作る

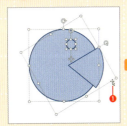
▲ ❶ Shift キーを押しながら、複数の図形をクリック

▲ ❷[描画ツール]の[書式]タブにある「図形の挿入」の[図形を結合]をクリック
❸[単純型抜き]を選択

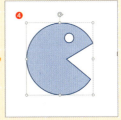
▲ ❹図形が作成される

※図形の結合の種類は、「接合」は図形の輪郭を抜き出し、「型抜き/合成」は重なり部分を切り抜いて合成します。
図形の結合を実行した後の色や罫線などの書式は、操作❶で最初に選択した図形の書式が継承されます。

操作3 切り抜き文字を作る

図形の結合機能はテキストボックスも対象です。漢字の一部を回転させたり、色を付けるといったデザインができるようになります。タイトルやアイキャッチに利用するといいでしょう。

▲ ❶最初に四角形をクリック
❷次にテキストボックスをクリック

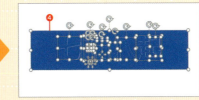
▲ ❸「切り出し」を実行すると、文字が切り出される
❹四角形を削除する

▲ ❺「転」にある「くるまへん(車)」の小さな四角形など、不要な部分を削除する

▲ ❻色を付けたり傾けたりする

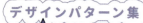

種類と組み合わせを工夫して、
主旨に合う図解を作成しよう！

  区分・領域の図

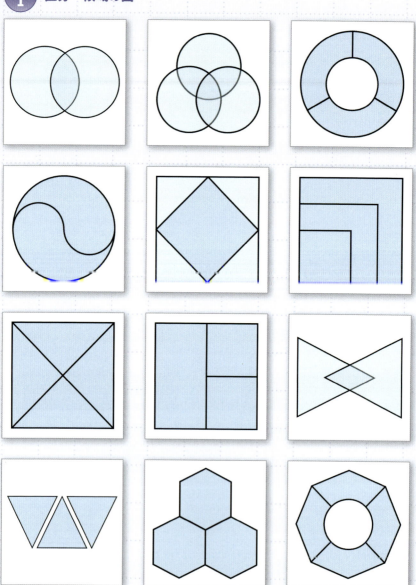

 関係・関連の図

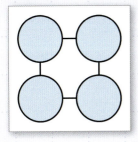
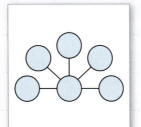
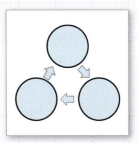
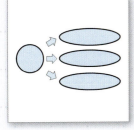
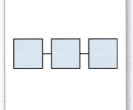
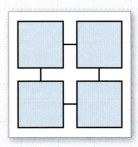
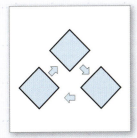
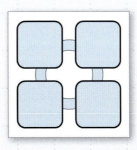
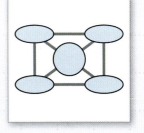
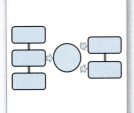
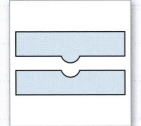
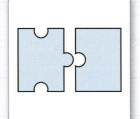

パターン3　方向・流れの図

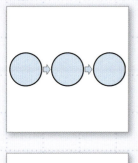
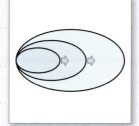
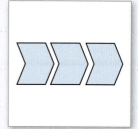
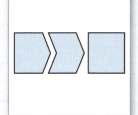
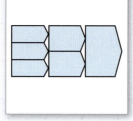
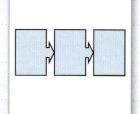
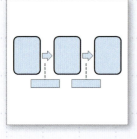
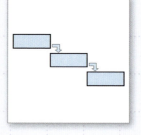
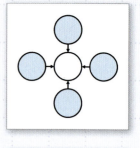
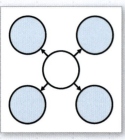
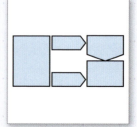
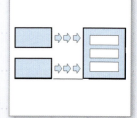

デザインパターン集

パターン 4 変化・展開の図

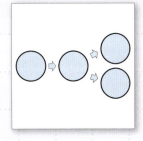
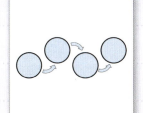
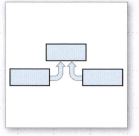
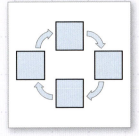
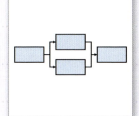
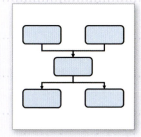
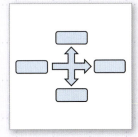
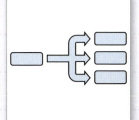
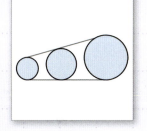
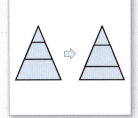
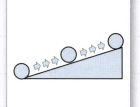
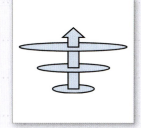

177

ちょっと ひと休み

図解すれば、誰でもわかる！

図解とは、複雑に絡み合う要素や込み入った事情を解きほぐし、シンプルな骨格にする作業です。わかりやすい資料は、よく練られた図解とブラッシュアップされた言葉でできています。

《図解のメリット》
❶ ぼんやりとしていた思考の輪郭が、ハッキリしてくる
❷ 考え方や論理に矛盾があることを、目で見つけられる
❸ そもそも、説明内容を消化していないと図解できない

グラフは数量の姿を直感的に伝えられる！

ある数量の姿を直感的に説明したいと思ったときは、いろいろな種類があり、見せ方も豊富なグラフ機能を上手く活用しましょう。馴染み深い**フレームワーク**ならば、見せ方に悩まずに表現できます。

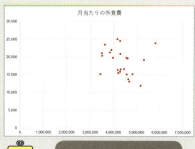

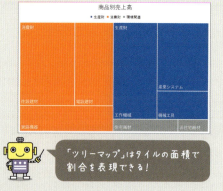

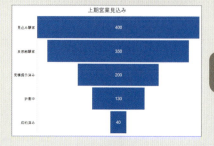

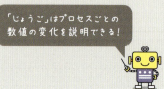

会社案内の新入社員向けページ。
安心感や信頼感を伝えたいときに、
最適な写真の見せ方はどれですか？

クイズ G

❶

❷

❸

クイズGの答え ❸

 被写体の大きさを揃えると、バランスがよくなる！

人物や物品などは、風景と違って被写体のカタチがハッキリしています。これらを同じ扱いで並べるときは、大きさが揃っているほうがバランスよく見えます。アングルや距離が異なる場合は、トリミングして大きさを揃えましょう。

❶は、トリミングしてあるものの原寸サイズをそのまま使っています。大きく見える人、小さく見える人、全身が写っている人、ひざ下までの人などバラバラです。これでは情報が整理されず、安心感や信頼感が表現できません。トリミングの失敗例です。

❷は、切り抜いた被写体を回転させてレイアウトしています。楽しさや面白さを狙っていますが、会社案内の先輩からのメッセージのページとしては相応しくありません。文章も硬めですので、格調高いレイアウトのほうが合うでしょう。

❸は、被写体の見せる範囲を「頭から腰まで」というルールで統一しています。それぞれの写真を拡大して大きさを統一した結果、身体のバランスが揃って美しく見えます。情報がきちっと整理されたことで安心感・信頼感という雰囲気が伝わってきます。

データの主旨を表すグラフとして、読み取りにくかったり、誤解が生じそうなNGグラフはどれですか？

❶ ていねいに作り込んだグラフ

❷ 1要素だけのグラフ

❸ 値を表示しないグラフ

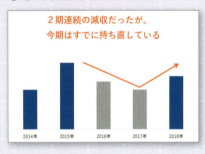

❹ 縦軸がないグラフ

❺ 凡例のある折れ線グラフ

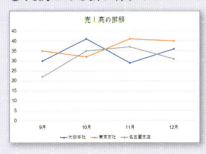

❻ カッコいい立体グラフ

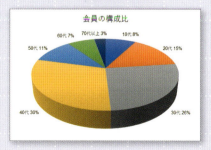

クイズHの答え ❶❺❻

 適切なグラフで直感的に伝えよう！

❶は客数と売上額の複合グラフです。手持ちの数値を全部グラフにしても、ノイズが増えるだけ。伝えたいポイントを絞って、それを端的に表すグラフに作り変えましょう。

❷のような特定の要素だけ見せるグラフは、圧倒的な事実を訴えるときや、個々の要素の詳細を述べたくないときに有効な表現です。

❸のような値を表示しないグラフは、背景の理由や事実を伝えることが主眼の場合に使います。本例の場合は、数値の変化よりもV字回復している事実を強調しています。

❹のグラフには縦軸がありませんが、データラベルで値を表示し、吹き出し図形でポイント解説を加えています。むしろ、余分な要素がない分スッキリ見えます。

❺は一般的な折れ線グラフで、一見問題なさそうですが、凡例と系列を一致させる往復の視線の動きは、読み手にとって意外と面倒です。要素の側に系列名を置いたほうが読みやすくなります。

❻のような3Dグラフは、派手な割に面積や比率を比較しにくく、角度によって錯覚が生じることもあります。ノーマルなグラフに作り変えましょう。

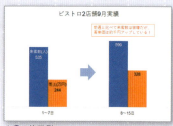

▲❶の修正例

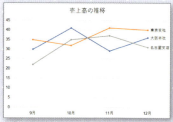

▲❺の修正例

▲❻の修正例

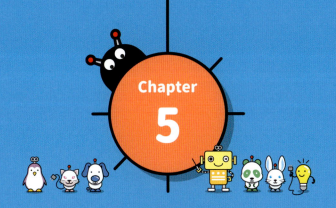

Chapter 5

NG & OKサンプルで
改善ポイントをつかもう！

一生懸命作った資料なのに相手に伝わらないのは、やってはいけない作り方をしているからです。一体どこがダメなのでしょう。どこを直せばいいのでしょう。それは資料の種類と目的、メッセージの表し方など、いろいろな視点で変わってきます。
本章ではやってしまいがちな失敗例と、それが伝わるようになる修正ポイントを紹介します。いろいろなNGと修正サンプルを見て、デザインの改善テクニックの引き出しを増やしましょう。

01 構成 文章が平坦になってしまうNG

平坦な情報には誰も目を向けない…

文章を連ねただけの情報は平坦です。つまり、重要な情報とそうでない情報が区別されていないということ。これでは「読もう」と思ってもらえないでしょう。

NOTIFICATION

新テクノロジー搭載のXシリーズ
2019年8月11日発売!!

Xシリーズはツアープロから高い評価を受けるNシリーズの新モデルです。世界中のツアーを席巻したNシリーズが進化を遂げ、ツアープロからアマチュアまでを魅了するXシリーズとして新登場しました。

ヘッドの反発力をルール上最大限にチューニングする新テクノロジー「ヘッドステール」をドライバーに搭載しました。さらに、打点傾向から生み出された「オートフェース」が弾道のバラつきを低減し、抜群の飛距離をアップさせるドライバーが生まれました。

アイアンには、ヘッド剛性を向上して初速アップに貢献する「ハードブリッジ」機能を搭載しています。Xシリーズのすべてにテーラーメイドの探求心と革新性が備わっています。

- 入力した文章を並べただけ
- 情報に差がないので平坦に見える
- どこが重要なのかわからない

重要な情報が目に飛び込んでくるようになった！

タイトルと小見出し、本文をしっかり区別しました。優先順位の高い情報ほど大きく、目立つようになっています。「情報を伝えたい」に絞って構造化し、枝葉末節を入れない勇気も必要です。

NOTIFICATION

新テクノロジー搭載のXシリーズ
2019年8月11日発売!!

Xシリーズはツアープロから高い評価を受けるNシリーズの新モデルです。Xシリーズのすべてにテーラーメイドの探求心と革新性が備わっています。

高反発力を生む「ヘッドステール」
ヘッドの反発力をルール上最大限にチューニングする新テクノロジー「ヘッドステール」をドライバーに搭載しました。

飛距離をアップさせる先進機能
打点傾向から生み出された「オートフェース」機能が弾道のバラつきを低減し、抜群の飛距離をアップさせるドライバーが生まれました。アイアンには、ヘッド剛性を向上して初速アップに貢献する「ハードブリッジ」機能を搭載しています。

- タイトルをしっかりと目立たせた
- 小見出しで重要な情報を訴求した
- 優先順位に差をつけて構造化した

結論が2つも3つもあるNG

「このページで言いたいこと」はナニ…？

長い文章を読み終えないと結論が見えない。ストーリーを追っている途中に、キーワードや重要ポイントがいくつも出てくる。これでは、このページで何を言いたいのかパッとつかめません。

Check!
- 点在する小見出しとキーワードに疲れる
- ほとんどの場合で詳細なグラフは不要だ
- 文章を読まないと結論が見えない

「1ページに1つの結論」を入れるのがベスト！

1ページに1つの結論を書くのがベストです。上段で最初に結論を見せるか、流れの最後にドンと置くようにしましょう。ページ資料でも1ページごとに「ページの結論」を入れるべきです。

Change!
- 上部の結論が最初に目に入ってくる
- 文章を削り、タイトルに合う小見出しを作った
- グラフをやめて核心の数字だけ列挙した

185

03 構成 つい1行が長くなってしまうNG

行長が長いと、必然的に嫌がられる…

体裁を気にしない打ち合わせ用の資料と言えども、行長が長すぎると読みたくなくなります。その状態で無理に文章を収めようとすると、文字ポイントを小さくせざるを得ません。

- 1行が長すぎて目で追うのがつらい
- 1行に入る文字数が多すぎる
- 無理に収めたので文字サイズが小さくなった

3段組みにして読みやすくした！

長い文章を3段組みにして1行当たりの文字数を抑えました。1行が20文字程度だと、目線による文字の追跡と行の折り返しが気にならなくなります。

- 1行が短くて読みやすい
- 段間に隙間があるので窮屈でない
- 文字を11ポイントに上げて読みやすくなった

要素を入れすぎてしまうNG

構成 04

無用に多い文章と図版が伝わりにくくしている…

グラフで根拠を示して、写真でイメージを膨らまし、丁寧に説明する。文章と図版が多いレイアウトは、お腹いっぱいのページになってしまい、重要な情報であっても伝わらなくなります。

Check!
- グラフの要素が多すぎる
- 表と写真はなくてもかまわない
- アイコンや図形はないほうがスッキリする

見せるものだけを残して、少しでも無用なものを外した！

情報を整理して、必要なものだけ入れるようにしましょう。1つのテーマで簡潔に見せると、メッセージが鮮やかになります。伝えたい情報が多いようなら、ページを分けて説明します。

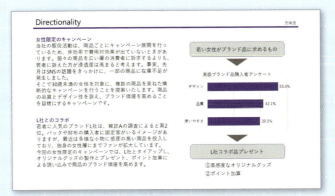

Change!
- グラフの要素は上位3つだけ表示した
- 右段の流れの中にグラフの意味を組み込んだ
- L社とのコラボの意図がストーリー化できた

05 構成　商品情報が比較しにくいNG

同列の情報が同じ位置にないので比較できない…

商品を比較する場合は、同じ項目を素早く見ることで違いを見つけられます。単調なレイアウトを嫌って、互い違いに並べたり色を変えたりすると、スムーズに情報が比較できません。

Check!
- 写真と文章を交互にレイアウトしている
- そのため同列の情報が比較できない
- 情報が散乱している感じがする

規則あるレイアウトなので、商品比較が容易になった！

項目を固定するレイアウトのほうが比較はラクです。オーソドックスですが、「商品を比較する」という第一目的は確実に達成できます。背景や罫線で変化を付けるほうがセンスよく見えます。

Change!
- 項目位置を固定してレイアウトした
- 商品比較の視線移動がスムーズになった
- 安心感が出てじっくり読める

余白があってもまとまらないNG

余白があちこちにあると、まとまりがつかない…

無駄に余白を取っても、美しいレイアウトにはなりません。天地左右あちこちに余白を作ってしまうと、要素の位置付けが曖昧に見えます。また、読み手もどこから見てよいかわかりません。

- 全体が揃っているようで揃っていない
- 余白の場所が散らばって大きさもバラバラ
- 視線がスムーズに流れない

余白をまとめて作ると、イイ感じに見える!

要素は位置を近づけると、関係性が強く感じられます。余白もできるだけまとめて作ると、緊張やゆとりが表現できます。キュッとする場所と、ゆったりする場所のメリハリをつけましょう。

- 円とアイコンを小さくして中央にまとめた
- その左右に大きな余白が生まれた
- メリハリがつき、見やすくなった

07 レイアウト 真面目すぎてつまらないNG

「悪くはないが…」の評価では、印象に残らない

キャッチコピーと写真だけのページ。落ち着きある上品な雰囲気ですが、真面目すぎてつまらない。「切り裂く」「チカラ」の文言を訴求するなら、元気で力強いデザインが適しています。

- タイトルの力強さが伝わってこない
- 写真のテイストが生かされていない
- 全体が落ち着き過ぎてつまらない

ジャンプ率を上げて迫力ある印象にした！

大きい部分と小さい部分のサイズ比率がジャンプ率です。ジャンプ率を大きくすると、元気で躍動感が出ます。文字のジャンプ率を変えただけでも、デザインの印象は大きく変わります。

- タイトルを紙面いっぱいに拡大した
- その結果、力強さとダイナミックさが出た
- 文字を斜めに配置して変化を付けた

読みたいと感じられないNG

レイアウト 08

「読みたい」と思わせる刺激ポイントがない…

相手に「読むぞ」と思わせるには、取っ掛かりが必要。定番の見出しと本文だけでは、読み手の重い腰を持ち上げられません。目に留まる"何か"をデザインに生かす工夫をしましょう。

- 文章だけでは寂しい
- 読み出す勇気が必要だ
- 少しは遊びが欲しい

自作アイコンで「おやっ」と感じさせる！

グラフィカルな目印があると、読み手がそこに注目してくれます。内容を表すアイコンや、分類を示すアルファベットなど、ちょっとしたグラフィカルな要素を添えてみましょう。

- 文字と図形を重ねてアイコンを作った
- 内容を表すアルファベットを1つ用意した
- 図形や色をあしらって単調さを解消した

09 レイアウト 情報の優先度がわからないNG

情報に差がないと、見る順番がわからない…

同じ大きさの写真を並べた場合でも、「こっちを見て！」という作り手側の主張はあるものです。情報の優先度が未整理では、読み手はポイントがつかめず、読む順番もわからなくなります。

Check!
- 配置した情報に差がない
- 情報の優先度が伝わらない
- 読む順番がハッキリしない

写真サイズに大きく差をつけた！

情報を同格に扱う必要性がなければ、差をつけてみましょう。ここでは写真のサイズを変えて、優先度と見る順番を明確にしてみました。デザインにも変化が生まれ、リズミカルになります。

Change
- 写真に差が出て、見る順番がハッキリした
- 大→小へという「読む流れ」が生まれた
- レイアウトに変化があって楽しい

タイトルが目立たないNG

文字 **10**

全部の文章がひとかたまりに見える…

タイトルが目立たない理由は、文字サイズが小さく、周囲に空きがなくて文章がくっついているからです。フォントと行間が一様に似ていては、タイトルと本文の差別化ができません。

Check!
- タイトルのフォントが本文と同じだ
- 行間がすべて同じような間隔だ
- 文章がひとかたまりでリズムがない

タイトルのフォントを変えて、周囲に空きを取った！

タイトルと本文を差別化しました。タイトルは 32 ポイントの「HGP 創英角ゴシック UB」にして、すぐ下の段落とハッキリした空きを取りました。ジャンプ率がメリハリを出しています。

Change!
- タイトルのフォントとサイズを変えた
- タイトル周りに十分な空きを取った
- 本文の文字を10ポイントに下げた

11 文字 文章の読み継ぎが悪いNG

文章の読み継ぎが悪く、どうも気持ち悪い…

行末で言葉が切り離されたり、1文字だけ次行に送られてしまうと、読みにくく誤読も生じます。文章が行末に届かなくてもいいので、息継ぎしやすい位置で改行しておきましょう。

- まとまるべき言葉が次行に分かれている
- 言葉のまとまりが切り離されて読みにくい
- 読み継ぎが悪いと情報に不安定さを感じる

言葉のブツ切りがなくなり、スッと読めるようになった！

読み継ぎが悪い文章は、①言葉を「かたまり」でとらえ、一旦途切れる位置で強制改行（[Shift]＋[Enter]キー）する　②言い回しを変えて簡潔にする　のいずれかで読みやすくしましょう。

- 行末の読みやすい位置で改行した
- 言い回しを変えてまとめ直した
- 段落の間隔を広げてゆったりさせた

写真上の文字が読みにくいNG

 文字 12

写真が見えない、文字が読めない…

写真に文字を乗せたとき、写真の構図や色が干渉し合って、文字が読めなくなることがあります。基本は、写真のメイン部分に文字を乗せないことですが、いくつかの工夫が必要です。

- 肝心の写真が見えない
- 重要なコピーが読めない
- 写真と文字が互いに邪魔している

写真と文字のイイ関係を見つけよう！

①写真の色味を薄くする ②トリミングで被写体の位置を変える ③写真の一部を透明色にする ④文字色を変える・縁取りする ⑤文字の下に半透明の図形を敷く などの加工をしてみましょう。

- フォントをメイリオに変えた
- さらに変形して文字を太くした
- 最後に文字を縁取りした

13 配色　読む人の目が疲れてしまうNG

❌ タイトルの配色が落ち着かない…

色の明るさ（明度）が似ていて、色の鮮やかさ（彩度）が高いもの同士を組み合わせると、目がチカチカするハレーションを起こします。緑と赤、青と赤、紫と青の組み合わせは特に注意！

- 赤と緑がハレーションを起こしている
- 文字が読みづらい
- 強い色同士なので目が疲れる

⭕ 文字に白の縁取りを入れて読みやすくした！

背景色が同じでも、文字を白（または黒）にすると、読みやすくなります。また、色と色の間に白や黒を挟んでも、クッションになって見やすくなります（ただし、デザインで異なります）。

- 文字に白の縁取りをした
- その結果、赤と緑が区別された
- 白文字にしても読みやすくなる

色が単調になってしまうNG

配色 **14**

✕ 似ている色ばかりでつまらない…

落ち着いた配色、統一感のある配色を意識しすぎると、地味でつまらなくなってしまいます。重要な箇所はアクセントカラーを使って、印象を引き締めるという手があります。

Check!
- 青色ばかりで地味な感じがする
- 全体が重くつまらない印象だ
- アクセントがない

◯ 配色にアクセントが出て明るくなった！

一般にバランスのよい配色は「ベースカラー 70：メインカラー 25：アクセントカラー 5」と言われています。ベースカラーは背景や余白の基調、メインカラーは全体の雰囲気を決める色です。

Change!
- 3箇所にアクセントカラーを使った
- 全体が明るくなった
- 重要なメッセージが「3つ」とわかる

15 グラフ グラフの色が多すぎるNG

色がカラフルで、すべてが主役に見える…

データ系列が多くなると、カラフルなグラフになりがちです。強調したいポイントがある場合は、そこが目立つように、その他の色を抑えましょう。色数が多いと、お互いを相殺してしまいます。

Check!
- 色数が多くて混乱する
- 初期値のままの色は手抜き感がある
- 主役のデータがあってもすぐにわからない

訴求ポイントがあれば、そこを目立たせる！

主役だけ色を付け、他をグレーなどにすると、グラフの言いたいことがすぐ伝わります。項目を比較したい場合は階調で差をつければ、色味を気にすることなく落ち着いて読み込めます。

Change!
- 1系列だけ目立つ色を付けた
- 他はグレーで目立たなくした
- 吹き出しを加えてコメントした

遊び心あるグラフが作れないNG

グラフ　16

グラフであって、楽しいビジュアルではない…

グラフを楽しく見せるには、シンプルかつ大胆なアイデアが必要。数値がわからなくなっては困りますが、適度な遊び心があると読み手もウキウキしてきます。直感的に伝えてみましょう。

Check!
- 必要な要素がキッチリ収まっている
- それゆえ面白味はない
- 楽しく見せる加工はない

ダイナミックで楽しいグラフになった！

「パン用 40%」の要素に写真を入れて強調するグラフにアレンジし、関連する統計データを周囲に配置してにぎやかさを演出しました。ただし、やり過ぎは逆効果なので注意しましょう。

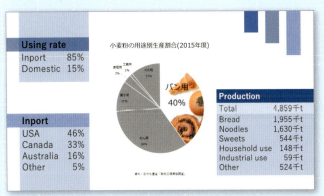

Change!
- 1要素だけ写真で塗りつぶした
- その他の要素を同一グレーで抑えた
- 関連データを楽しく読めるようにした

17 グラフ 棒グラフの数値が読みにくいNG

ラベルを縦にしても、読みにくいものは読みにくい…

要素棒の上に数値を表示すると、値が大きいと横向きで重なります。本例のように縦向きにしても読みやすいとは言えません。要素棒の間隔も空きが目立って落ち着きません。

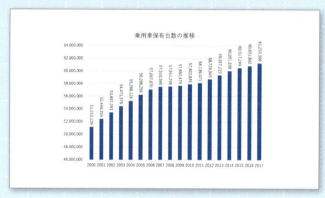

- ラベルの数値が大きい
- 縦向きにしても桁数が多く読みにくい
- 要素棒の間隔が広すぎて気になる

縦軸の表示単位を変えてスッキリした！

縦軸の表示単位を「万」に変更すると、自動的にラベルも少ない数値に変わり、横向きで表示できます。単純ですが、数値を読みやすくする即効ワザ。文字サイズなども適宜調整しましょう。

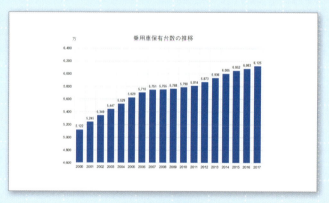

- 縦軸を「万」台に単位変更した
- 要素棒の間隔を「50%」にして狭めた
- 横軸に目盛り線を入れた

グッと引きつけるものがないNG

 メッセージの印象が具体的にならない…

言葉は大事ですが、それだけでは印象が具体的になりません。言葉の意味がわかることと、イメージを具体化することとは別です。写真の力を利用すれば、イメージがハッキリ伝わります。

- 言葉の意味はわかる
- 主旨も理解できる
- でも、イメージが膨らまない

 写真を使えば、曖昧さが明確になる！

写真は、イメージを素早く具体化できます。だから、文字よりも写真（画像）が持つ情報のほうが記憶に残りやすいのです。写真は読み手の視線を引きつけ、強い印象を残してくれます。

- 写真の印象が強く残る
- インパクトがある
- 読み手の視線を引きつけられる

19 写真 サイズ不足の写真を使うNG

写真の寸法が足りず、バランスが悪い…

レイアウトしたいスペースに対し、写真の寸法が足りないことがあります。そのままではバランスが悪く、写真を活かせません。写真の魅力を引き出すいくつかの方法を試してみましょう。

Check!
- 写真の存在が浮いている
- 左右の余白が気になる
- 何か物足りない

同じ写真をバックに敷いてイメージアップ！

①空きスペースを同じ写真で補う（色やトーンを変えてイメージを膨らます）　②写真の端をぼかす（境界をなだらかに）　③写真の端や一部を隠す（寸法不足を隠す）などを試してみましょう。

Change!
- 背景に同じ写真を敷いた
- その写真の色をグレーにした
- さらにトーンを下げて控えめにした

写真が1点でパッとしないNG

写真 20

そのまま使っては、にぎやかさが出ない…

1枚のイメージカットでは、単に大きくしても、楽しさやにぎやかさは出ません。1枚の写真をいろいろな角度から見せて、たくさんの情報があるように見せると面白さが生まれます。

Check!
- 一枚の写真が几帳面に収まっている
- 写真の開放感が強調されていない
- 楽しさやにぎやかさが強調されていない

トリミングで写真がたくさんあるように見せる！

構図を変えたトリミングをして、あたかもたくさんの写真があるようにレイアウトしました。空白の四角形を格子状に置いて変化を付けました。塗りつぶす色で印象がガラッと変わります。

Change!
- トリミングを変えた写真を3つ使った
- 写真と同じサイズの図形を並べた
- グリッドを意識してレイアウトした

本書で紹介しているファイルは、本書のサポートページからダウンロードできます。PowerPointを実際に操作することで本書の内容がより理解でき、効率的にテクニックをマスターできます。
詳細につきましては、ソーテック社のホームページから本書のサポートページをご覧ください。

・本書のサポートページ

http://www.sotechsha.co.jp/sp/1244/

・パスワード

PPD2019ofc

※半角英数字。大文字／小文字は正確に入力してください。

- 本書に記載されている解説およびサンプルファイルを使用した結果について、筆者および株式会社ソーテック社は一切の責任を負いません。個人の責任の範囲内にてご使用ください。また、本書の制作にあたり、正確な記述に努めていますが、内容に誤りや不正確な記述がある場合も、当社は一切責任を負いません。

- 本書に記載されている解説およびサンプルファイルの内容は、PowerPointの機能とデータ操作の解説を目的として作られたものです。文章やデータの内容は架空のものであり、特定の企業や人物、商品やサービスを想起させるものではありません。

- 本書は、PowerPointの基本的な操作について一通りマスターされている方を対象にしています。アプリの具体的な操作方法については詳細に解説していないので、初心者の方は、本書の前に他の入門書を読まれることをお勧めします。

- 本書の紙面には、「写真素材ぱくたそ」、「写真素材 足成」、およびクリエイティブ・コモンズの写真が使われています。

- サンプルファイルは、Office 365 と PowerPoint 2019/2016/2013で利用できます。スライドサイズは作例によって異なり、A4用紙の印刷サイズとワイド画面（16：9）の2種類があります。

- 権利関係上、サンプルファイルとしてご提供できないファイルや写真、フォントがあります。あらかじめ、ご了承ください。

サンプルファイルに収録している写真について

サンプルファイルに収録の写真は、「写真素材ぱくたそ」（http://pakutaso.com）の写真素材を利用しています。写真素材のファイルは、本書の学習用途以外には使用しないでください。

これらの写真を継続して利用する場合は、「写真素材ぱくたそ」の公式サイトからご自身でダウンロードしていただくか、ご利用規約（http://www.pakutaso.com/userpolicy.html）に同意していただく必要があります。同意しない場合は写真ファイルのご利用はできませんので、ご注意ください。

「フリー写真素材サイトぱくたそ」もしくは「ぱくたそ」は、高品質・高解像度の写真素材を無料（フリー）で配布しているストックフォトサービスです。

INDEX

数字・アルファベット

18ポイント	28
HGP創英角ポップ体	86
HG教科書体	86
HGゴシックM-PRO	86
RGB	123, 128
Segoe UI	61
SmartArt	171, 172
Z型のレイアウト	107

ア行

アイキャッチ	41, 110
アイコン	41, 167, 191
アクセント	43, 77
アクセントカラー	197
色のイメージ	121, 127
[色の設定]ダイアログボックス	123
インデックス	41, 42
黄金比	46
欧文フォント	61, 64

カ行

ガイド	34, 94
角版	145, 149
囲み枠	21, 23
囲み枠の作成	22
仮想ボディ	64
画像の挿入	138
既定のテキストボックスに設定	28
行間	81, 82
行間／文字の間隔	82
強弱	130
強制改行	194
切り抜き	153
近接	130
グラデーション	110, 128
グラフ	161
グラフの編集	162
グリッド線	34, 94
グループ化	44, 48
罫線	21, 113
結合	173
構図	33
ゴシック体	53
コピペ（コピー＆貼り付け）	40
コントラスト	128

サ行

彩度	125, 131
彩度対比	132
三分割構図	36, 46
字間	81, 83
色相	125, 131
色相環	128
色相対比	132
視線の流れ	107
写真の選び方	137
ジャンプ率	190, 193
シンメトリー	36
シンメトリー構図	46
数字	110, 161
図解	171, 178
図形の位置	40
図形の結合	172
図形の書式設定	40
図形の変更	18
図として保存	76, 155
スペルチェック	66
スマートガイド	94

整理	15, 93
整列	93, 130
セルの余白	114

タ行

タイトル	41
裁ち落とし	145, 148
テキストボックスの余白	100
統一感	39, 41
透明色	155
トーン	125, 128, 202
トリミング	145, 146, 180

ナ行

塗りつぶし	72
ノンブル	41, 43

ハ行

背景の削除	154
配色	121
配色機能	122
配置	94
配置機能	94
柱	41, 43
ハレーション	140, 196
反復	130
日の丸構図	46
表	113
表の変更	114
ファイルサイズ	142
フォント	53
フォントの変更	54
フリーフォーム	22, 156
フレームワーク	178
分割	15
ベースカラー	197
ベースライン	64

変形	72
補色	124, 128

マ行

丸版	147
見せる資料	8
見出し	75
ミニツールバー	28
明朝体	53
明度	125, 131
明度対比	132
メイリオ	53, 58, 61, 62, 86, 88
メインカラー	197
メリハリ	10, 27, 30, 78, 158, 168
文字サイズと強調	69
文字サイズの変更	28
文字の変形	72

ヤ行

游ゴシック	53, 58, 61, 62, 88
游明朝	58, 62, 86
游明朝 Demibold	86
余白	99, 150, 189
余白の変更	100

ラ行

両端揃え	66
レイアウト	9
ロゴ	41

ワ行

和文フォント	53, 61, 64

● 著者紹介

渡辺克之(わたなべかつゆき)

テクニカルライター。コンサル系SIer、広告代理店、出版社での業務経験の後、1996年フリーに転身。
以後、出版物の企画と執筆、販促立案とデザインを制作をメインワークとして活動。Officeアプリと
OS、VBAを実務に活かす視点から解説した書籍を多数執筆。
ソーテック社の「テンプレートで時間短縮！」と「伝わる」シリーズは、バリエーションある実例を豊富
に盛り込んだ図解書として好評を得ている。

【著者のシリーズ書籍】
テンプレートで時間短縮！ パワポで簡単 A4×1枚 企画書デザイン
テンプレートで時間短縮！ パワポ＆エクセルで簡単 A4×1枚 企画書デザイン
テンプレートで時間短縮！ パワポ＆エクセルで簡単 カタログ・チラシ・資料デザイン
テンプレートで時間短縮！ パワポで簡単 企画書＆プレゼンデザイン
テンプレートで時間短縮！ パワポ＆ワードで簡単 企画書デザイン
「伝わる資料」デザイン・テクニック
「伝わる資料」PowerPoint 企画書デザイン
「伝わるデザイン」PowerPoint 資料作成術
「伝わるデザイン」Excel 資料作成術
（すべて、ソーテック社）

●写真協力／フリー写真素材ぱくたそ

「伝わる」のはどっち？
プレゼン・資料が劇的に変わる デザインのルール

2019年6月30日　初版　第1刷発行

著　者	渡辺克之
装　丁	広田正康
発行人	柳澤淳一
編集人	久保田賢二
発行所	株式会社　ソーテック社
	〒102-0072　東京都千代田区飯田橋4-9-5　スギタビル4F
	電話(注文専用) 03-3262-5320　FAX 03-3262-5326
印刷所	図書印刷株式会社

©2019 Katsuyuki Watanabe
Printed in Japan
ISBN978-4-8007-1244-8

本書の一部または全部について個人で使用する以外、著作権上、株式会社ソーテック社および著作権者の承諾を得ずに無断で複写・
複製することは禁じられています。
本書に対する質問は電話では受け付けておりません。内容の誤り、内容についての質問がございましたら、切手返信用封筒を同封
の上、弊社までご送付ください。
乱丁・落丁本はお取り替え致します。

本書のご感想・ご意見・ご指摘は
http://www.sotechsha.co.jp/dokusha/
にて受け付けております。Web サイトでは質問は一切受け付けておりません。